KB080381

공부가 되는
로빈슨
과학 탈출기

공부가 되는
로빈슨 과학 탈출기

초판 1쇄 발행 2011년 12월 28일
초판 2쇄 발행 2017년 2월 8일

원작 대니얼 디포
엮음 글공작소

책임편집 주리아, 김자경
책임디자인 노민지

펴낸이 이상순
주　간 서인찬
편집장 박윤주
기획편집 한나비, 김한솔
디자인 유영준, 이민정
마케팅 홍보 이상광, 이병구, 김수현, 오은애

펴낸곳 (주)도서출판 아름다운사람들
주소 (413-756) 경기도 파주시 교하읍 문발리 파주출판문화정보단지 534-2
대표전화 (031)955-1001 **팩스** (031)955-1083
이메일 books777@naver.com
홈페이지 www.books114.net

ⓒ2011, 글공작소
ISBN 978-89-6513-134-2　63400

파본은 구입하신 서점에서 교환해 드립니다.
이 책은 저작권법에 의하여 보호를 받는 저작물이므로 무단 전재와 복제를 금합니다.

공부가 되는
로빈슨
과학 탈출기

원작 대니얼 디포 | **엮음** 글공작소 | **추천** 오양환 (前 하버드대 교수)

아름다운사람들

공부가 되는 로빈슨 과학 탈출기

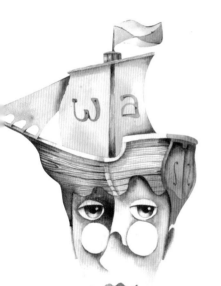

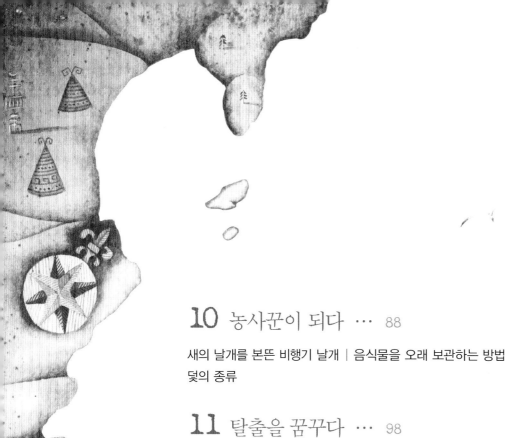

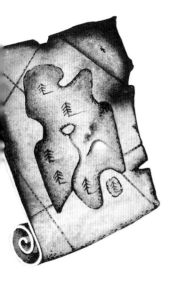

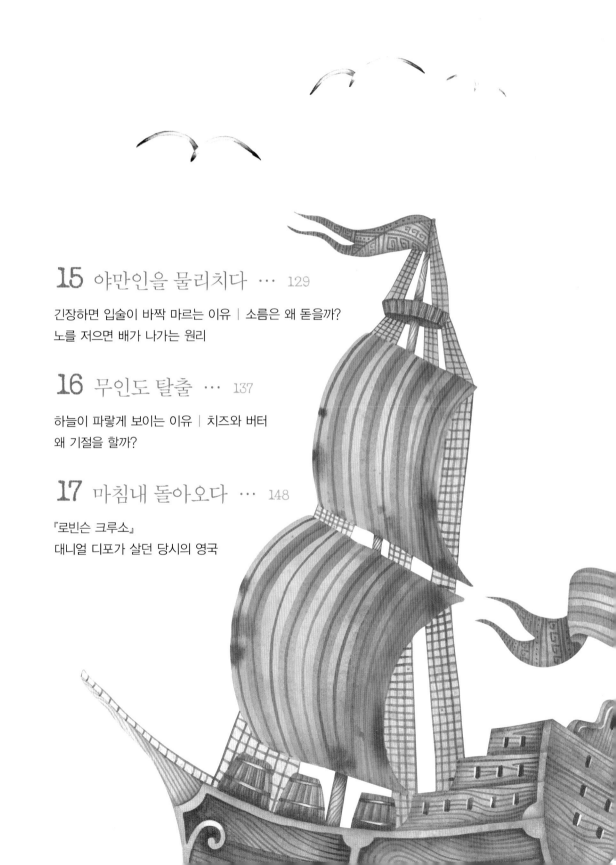

아이들이
『공부가 되는 로빈슨 과학 탈출기』를
읽으면 좋은 이유

1 과학에 흥미를 높여 주는 『공부가 되는 로빈슨 과학 탈출기』

『공부가 되는 로빈슨 과학 탈출기』는 로빈슨 크루소의 흥미진진한 이야기와 과학적 지식을 동시에 전달하는 과학 이야기책입니다. 아이들에게 과학은 흥미로운 것이기도 하지만 한편으로는 어렵고 따분한 것이기도 합니다. 그래서 이 책은 아이들이 가장 흥미로워하는 무인도 모험 이야기, 『로빈슨 크루소』를 읽으면서 동시에 과학에 대한 흥미도 함께 가질 수 있도록 구성하였습니다. 또한 『로빈슨 크루소』를 읽다가 생기는 과학적 궁금증을 바로바로 해결할 수 있도록 과학적 원리와 정보를 함께 담았습니다.

2 내가 만약 로빈슨 크루소가 된다면?

어린 시절 '내가 만약 로빈슨 크루소가 된다면?'이라는 상상을 누구나 한 번쯤 하게 됩니다. 이 책은 로빈슨 크루소의 이야기를 통해 그런 상상이 현실이 되었을 때 누구나 살아남을 수 있는 과학적 원리를 알려 주는 책입니다.

무인도에 표류하게 된 주인공 로빈슨 크루소는 합리적이고 과학적으로 사고하지 않으면 생존할 수 없는 상황입니다. 그래서 과학적 원리와 관찰 등이 인간에게 얼마나 중요하고 유용한 것인가를 잘 보여 주고 있습니다. 또한 로빈슨 크루소 이야기를 통해 모험심 가득한 아이들의 상상력을 키우고 과학이 그저 지루한 공부의 대상이 아니라 인간의 생존을 위해 꼭 필요한 삶의 근원이라는 것을 저절로 몸에 익히도록 하였습니다.

3 상상력과 모험 정신의 표상, 『로빈슨 크루소』

바다에 대한 동경으로 시작하는 『로빈슨 크루소』는 18세기 영국에서 발표된 이후, 몇백 년 동안 모험에 관한 대표적인 소설로 지금까지 널리 읽히고 있는 고전 중 하나입니다. 이렇게 『로빈슨 크루소』가 오랫동안 사랑을 받는 이유는 바로 우리가 쉽게 경험해 볼 수 없는 미지의 세계에 대한 동경과 그 흥미진진한 모험들이 사람의 마음을 사로잡기 때문입니다. 또한 모험과 미지의 세계에 대한 신비한 이야기는 아이들에게 상상력과 모험 정신 그리고 도전 정신과 진취적인 기상을 길러 줄 수 있어 더없이 좋습니다.

4 공부의 즐거움을 깨치는 〈공부가 되는〉 시리즈

〈공부가 되는〉 시리즈는 공부라면 지겹게만 여기는 우리 아이들에게 "아, 공부가 이렇게 즐거운 것이구나!" 하는 것을 깨쳐 주면서 아울러 궁금한 것이 많은 우리 아이들의 지적 호기심도 동시에 해결해 주는 시리즈입니다. 공부의 맛과 재미는 탄탄한 기초 교양의 주춧돌 위에 세워질 때 그 효과가 배가됩니다. 그리고 그 기초 교양은 우리 아이들이 학습에서 자기 주도적 능력을 내는 데 큰 밑거름이 됩니다. 『공부가 되는 로빈슨 과학 탈출기』는 우리 아이들에게 눈을 뗄 수 없는 흥미진진함과 모험심 그리고 과학에 대한 소중함을 함께 익히도록 해 줄 것입니다. 부디 우리 아이들이 『공부가 되는 로빈슨 과학 탈출기』를 통해 모험심 가득한 진취적인 기상과 더불어 과학에 대한 흥미를 높여 갈 수 있기를 기원합니다.

01

소년 모험가, 로빈슨

공부가 되는
로빈슨 과학 탈출기

우연히 배를 타다

　내 이름은 로빈슨 크루소예요. 나는 1632년 영국 요크 시에서 태어났어요. 아버지는 내가 훌륭한 판검사가 되길 원하셨지만 나는 범선을 타고 전 세계를 돌아다니는 뱃사람이 되고 싶었어요. 그래서 나는 이 일로 부모님과 엄청나게 다투어야 했고 혼도 많이 났어요. 하지만 뱃사람이 되어 전 세계를 모험한다는 내 꿈을 포기할 수는 없었어요. 그래서 나는 어떻게든 바다로 나갈 기회만을 엿보고 있었어요.

　그러던 어느 날 외출을 했다가 우연히 아버지가 선장인 친구를 만났어요. 친구는 아버지 배를 타고 런던으로 간다며 타고 싶으면 공짜로 태워 주겠다고 했어요. 나는 정말로 배를 타고 싶었어요. 하지만 집에 가서 부모님께 허락 받을 시간이 나지

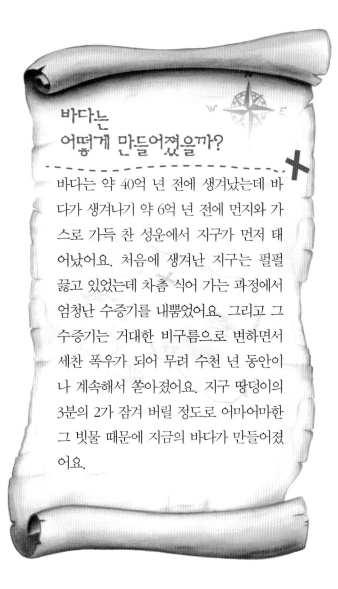

바다는 어떻게 만들어졌을까?

바다는 약 40억 년 전에 생겨났는데 바다가 생겨나기 약 6억 년 전에 먼지와 가스로 가득 찬 성운에서 지구가 먼저 태어났어요. 처음에 생겨난 지구는 펄펄 끓고 있었는데 차츰 식어 가는 과정에서 엄청난 수증기를 내뿜었어요. 그리고 그 수증기는 거대한 비구름으로 변하면서 세찬 폭우가 되어 무려 수천 년 동안이나 계속해서 쏟아졌어요. 지구 땅덩이의 3분의 2가 잠겨 버릴 정도로 어마어마한 그 빗물 때문에 지금의 바다가 만들어졌어요.

않았어요. 집에 다녀오면 배는 떠나고 말 테니까요. 설사 배가 떠나지 않더라도 부모님이 허락할 리 없었어요. 그래서 나는 부모님께 알리지도 않은 채 바로 배를 타기로 결정했어요.

이렇게 배를 타고 떠나 보기는 처음이었어요. 그래서 나는 지금도 그날을 생생하게 기억하고 있어요. 그날은 바로 1651년 9월 1일이었어요. 나는 커다란 배가 많은 사람을 태우고도 물에 가라앉지 않고 뜬다는 것이 신기했어요. 그리고 돛을 달고 바람을 이용해 원하는 목적지까지 갈 수 있다는 것도 나에게는 신기하고 놀라운 일이었어요.

"친구야, 정말 대단해. 어떻게 이런 무겁고 큰 배가 많은

사람과 물건을 싣고도 물에 뜰 수 있지?"

"야, 뭐가 신기해! 배는 물에 뜨라고 만든 거니까 그냥 물
에 뜨는 거지."

친구는 당연한 걸 가지고 별 싱거운 질문이냐고 나에게
면박을 줬어요. 하지만 나는 정말 신기했어요.

죽도록 뱃멀미를 하다

배는 서서히 항구를 출발했고 갈매기들도 즐거운 듯 배 위를 날아다녔어요. 하지만 즐거운 기분도 잠시, 항구를 출발한 지 얼마 되지 않아 내가 탄 배는 예기치 않게 엄청난 폭풍을 만났고 거기다 비까지 함께 쏟아지면서 폭풍우로 변했어요. 그러나 다른 사람들은 무서운 폭풍우에도 별일 아니라는 듯 모두 두려운 기색이 하나도 없었어요.

하지만 나는 태어나서 처음으로 만난 엄청난 폭풍우에 무서워서 덜덜 떨었어요. 조금 전까지 그렇게 잔잔하고 고요하던 바다가 왜 갑자기 엄청난 폭풍우를 쏟아 내는지 궁금하고 두렵기만 했어요.

나는 선장님이 날씨를 잘못 예측했다고 생각했어요. 그리고 그동안 나와는 별 관련이 없던 날씨가 이렇게 내 생명과 직결된다는 것을 처음으로 느꼈어요. 나는 계속되는 폭풍우를 보면서 그때서야 부모님 말씀을 듣지 않은 것이 정말 후회되었어요.

무서운 폭풍우에 돛은 부러질 듯 우지끈 소리를 냈고 배도 정신없이 흔들리자 나는 속이 메스꺼워 배 속에 있는 물

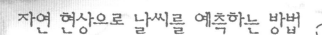

자연 현상으로 날씨를 예측하는 방법

우리 옛 조상들은 자연 현상을 보고 날씨가 어떨지 예측하곤 했어요. 오랜 경험을 바탕으로 만들어졌기 때문에 그 방법들은 적중률도 높은 편이에요.

1. 제비가 낮게 날면 비가 온다

맑은 날에는 공기가 아래에서 위로 올라가려고 해요. 그래서 그 공기를 타고 제비의 먹이인 곤충도 높이 올라가지요. 하지만 비가 오기 전에는 위로 올라가는 공기가 생기지 않기 때문에 곤충도 바닥 근처에 머물러요. 그렇기 때문에 곤충을 잡아먹는 제비도 낮게 나는 것이랍니다.

2. 개구리가 울면 비가 온다

개구리는 폐와 피부로 호흡을 해요. 그래서 피부는 늘 젖은 상태를 유지해야 해요. 만약 피부가 마르면 개구리는 죽을 수도 있어요. 비가 오기 전에는 공기 중에 수분이 많아 개구리는 피부가 마르지 않기 때문에 신나게 울 수 있는 것이랍니다.

3. 물고기가 물 위로 튀어 오르면 비가 온다

물고기가 물 위로 올라온다는 것은 물속에 산소가 부족하다는 것을 뜻해요. 그래서 수면 위에 입을 내놓고 숨을 쉬는 것이지요. 공기 중의 산소가 물에 잘 녹기 위해서는 날씨가 좋아야 해요. 흐린 날에는 물에 산소가 잘 녹지 않기 때문에 물고기가 수면으로 올라오는 거예요.

4. 참새가 이른 아침부터 지저귀면 맑다

참새는 날씨에 굉장히 민감한 조류예요. 그래서 날씨가 맑으면 일찍 일어나 지저귄다고 해요.

5. 개미가 떼 지어 이사를 하면 비가 온다

개미는 습도에 민감해서 비가 오기 전에 안전한 곳으로 집을 옮기는 습성이 있어요. 그래서 개미가 이사를 하면 비가 온다는 것을 예측할 수 있어요.

멀미는 왜 생길까?

'멀미'는 자동차나 배, 비행기 등을 타게 되면 토하거나 어지럽고 메스꺼움 등을 일으키는 증상을 말해요. 이렇게 멀미가 생기는 원인은 사람의 귓속에 있는 고리 모양으로 생긴 세 개의 반고리관 가운데 회전 감각을 관장하는 반고리관과 기울기와 위치 등의 감각을 관장하는 전정 기관에서 평형 감각을 감지하는 내이 정보와 시각 정보가 서로 맞지 않기 때문에 생기는 현상이에요.

그러면 자동차와 비행기 등을 타기 전에 어떻게 하면 멀미를 막을 수 있을까요?

멀미를 막는 법
1. 올리브유가 멀미 억제 작용을 하므로 식사는 올리브유가 첨가된 것으로 해요.
2. 식사는 위가 소화하는 데 필요한 시간인 탑승 두 시간 전에 해요.
3. 생강이 멀미 예방에 좋기 때문에 생강차를 준비했다가 마셔요.
4. 정신적인 것이 영향을 많이 미치므로 멀미를 이길 수 있다는 자신감을 가져요.
5. 선글라스 등을 끼고 먼 곳을 보면서 어지럼증을 최소화해요.

한 방울까지 모두 토해 내고 말았어요. 멀미에 창자가 모두 뒤집어지는 것 같았어요. 그리고 흔들리는 배에서 몸의 균형을 잡으려고 손잡이를 얼마나 꽉 잡고 있었는지 몸은 온통 땀으로 젖었어요. 내 몸은 곧 하늘로 날아가 바닷물에 풍덩 빠져 그냥 숨이 막혀 죽게 될 것 같았어요. 하지만 나를 제외하고 다른 사람들은 크게 놀라는 기색이 아니었어요. 내가 나를 봐도 참 한심했어요. 어쨌든 나는 폭풍우가 그치고 살아남으면 다시는 배를 타지 않으리라고 결심을 했어요.

자존심이 상한 로빈슨

그 후로는 시간이 어떻게 지나갔는지 도통 기억이 나지 않아요. 내가 마지막으로 기억하는 것은 고함치는 사람들의 소리가 들렸고 손잡이를 꽉 잡고 파르르 질린 채 서 있던 내 모습뿐이었어요. 그리고 눈을 뜨고 깨어 보니 다음 날 아침이었어요. 하늘은 어제 무슨 일이 있었냐는 듯 맑고 푸르디푸른 모습을 드러내었어요. 그사이 폭풍우도 잠잠해졌어요. 하늘은 정말 요술쟁이인 것 같았어요. 참으로 자연은 신비하고 한편으론 두려운 것이었어요.

그때 친구가 나를 찾아왔어요.

"로빈슨, 지금이라도 늦지 않았어. 무서우면 집으로 돌아가도 돼. 내가 아버지에게 얘기해 줄 테니까. 이 정도의 폭풍우는 뱃사람들에게는 늘 있는 일이야."

친구가 찾아와서 내 자존심을 살짝 건드렸어요.

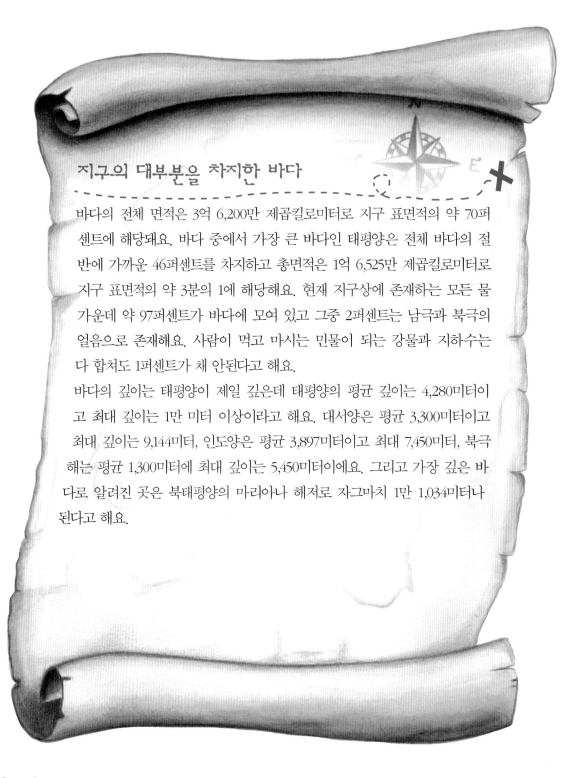

지구의 대부분을 차지한 바다

바다의 전체 면적은 3억 6,200만 제곱킬로미터로 지구 표면적의 약 70퍼센트에 해당돼요. 바다 중에서 가장 큰 바다인 태평양은 전체 바다의 절반에 가까운 46퍼센트를 차지하고 총면적은 1억 6,525만 제곱킬로미터로 지구 표면적의 약 3분의 1에 해당해요. 현재 지구상에 존재하는 모든 물가운데 약 97퍼센트가 바다에 모여 있고 그중 2퍼센트는 남극과 북극의 얼음으로 존재해요. 사람이 먹고 마시는 민물이 되는 강물과 지하수는 다 합쳐도 1퍼센트가 채 안된다고 해요.

바다의 깊이는 태평양이 제일 깊은데 태평양의 평균 깊이는 4,280미터이고 최대 깊이는 1만 미터 이상이라고 해요. 대서양은 평균 3,300미터이고 최대 깊이는 9,144미터, 인도양은 평균 3,897미터이고 최대 7,450미터, 북극해는 평균 1,300미터에 최대 깊이는 5,450미터이에요. 그리고 가장 깊은 바다로 알려진 곳은 북태평양의 마리아나 해저로 자그마치 1만 1,034미터나 된다고 해요.

"아니야, 괜찮아. 나도 이 정도는 별것 아니야."

"그래? 어제 네 표정 보니깐 장난이 아니던데."

"겁이 나서 그런 게 아니라 배를 처음 타서 그런 거야."

나는 친구가 겁쟁이라고 할까 봐 별것 아니라고 대답을 했어요. 사실 아침에 눈을 떴을 때 뱃멀미는 싹 사라졌고, 또 배를 타고 바라보는 맑고 푸른 하늘에 나는 언제 그랬냐는 듯 집에 가고픈 생각이 들지 않았어요. 사람 마음이라는 게 참으로 이랬다 저랬다 하는 것 같았어요. 그래도 어제 저녁을 생각하면 다시금 머리털이 쭈뼛대는 기분이었어

바닷물이 짜게 된 이유

바닷물에는 1리터에 약 35그램의 소금이 녹아 있는데 처음부터 바닷물이 짰던 것은 아니에요. 바닷물이 짠 이유는 오랜 시간 동안 육지에 있는 바위의 소금기를 강물이 씻어서 바다로 옮겼기 때문이라고 해요. 바다로 간 소금기는 바닷물이 증발하고 소금만 남는 과정이 되풀이하면서 농도가 조금씩 진해져 지금과 같은 상태에 이르렀다고 해요. 그리고 지구에 있는 물 중에 약 97퍼센트가 바닷물이에요. 즉, 우리가 마실 수 있는 민물은 약 3퍼센트 정도 밖에 되지 않는 것이에요.

요. 바다에서 바라보는 하늘은 육지에서 보는 하늘보다 더 파란 것이 사람 마음을 흔들어 놓았어요. 그래서 나는 폭풍우가 그치면 집으로 돌아가겠다는 맹세를 씻은 듯 잊고 계속 배를 타기로 결심했어요.

02

진짜 폭풍우를 만나다

공부가 되는
로빈슨 과학 탈출기

영국 런던과 템스 강

영국의 수도 런던은 잉글랜드 남동부의 템스 강 하구에서 약 60킬로미터 정도 떨어진 상류에 있는 도시예요. 런던은 영국의 정치·경제·문화 그리고 교통의 중심지일 뿐만 아니라, 영국 연방의 중심 도시예요. 그리고 뉴욕·상하이·도쿄와 더불어 세계 최대 도시의 하나예요.

그리고 템스 강은 영국 런던을 지나는데 우리나라의 한강처럼 런던 발전에 매우 중요한 역할을 한 강이에요. 현재도 템스 강은 사람과 물건을 실어 나르는 바닷길과 상수원으로 사용되고 있어요. 유명한 다리로는 런던교와 타워브리지 그리고 워털루 다리 등이 있어요.

야머스 항에 내리다

나를 태운 배는 나침반을 이용해 항해를 시작한 지 엿새 만에 영국 노퍽 주에 있는 야머스 항구에 도착했어요. 내가 탄 배는 야머스 항에 잠시 쉬었다가 다시 템스 강을 거슬러 올라가야 했어요. 그러나 배가 출발하기에는 너무 역풍이 강하게 불어서 닻을 올리지 못했어요. 범선은 닻을 이용해 가기 때문에 바람의 방향이 가장 중요해요. 그래서 우리는 항해를 미루고 야머스 항구에 며칠 더 머무르면서 바람이 잠잠해지기를 기다렸어요.

그러나 역풍은 점점 더 강하게 불더니 나중에는 폭풍우가 되어 몰아쳤어요. 그래서 우리는 폭풍우에 배가 휩쓸리

지 않도록 안전하게 묶는 작업을 했어요. 그런데 정오쯤 되자 정말 높은 파도가 몰려오기 시작했어요. 엄청난 파도에 닻도 부러지고 뱃머리도 물속에 잠길 정도로 무시무시한 파도가 몇 차례 갑판을 덮쳤어요. 며칠 전 만난 폭풍우는 폭풍우도 아니었어요. 그렇게 여유 만만하던 선원들의 얼굴에도 공포의 그림자가 드리워졌어요. 친구 아버지인 선장님도 당황하는 기색이 역력했어요.

"오, 모두 끝장이야. 배가 완전히 망가졌어. 이러다 모두 죽겠어!"

첫 번째 죽을 고비를 넘기다

나는 어찌해야 좋을지 몰라 선실 안에서 우왕좌왕하고 있었어요. 거센 바람을 피하기 위해 범선의 돛대까지 자르고 말았어요. 거기다 배 안으로 계속 물이 새어 들어오고 있었고 그 물 때문에 배가 서서히 가라앉고 있었어요. 우리는 황급히 배를 버리고 보트로 옮겨 탔어요. 보트에 옮겨 탄 지 10여 분 만에 배는 바닷속으로 가라앉고 말았어요.

보트로 옮겨 탄 우리는 필사적으로 해변 쪽으로 보트를

몰았어요. 그리고 해변에 나와 있는 사람들의 도움을 받아 겨우 해변에 닿았어요. 배는 잃었지만 우리는 죽지 않고 살아서 무사히 야머스 항구로 되돌아왔어요.

"로빈슨, 나는 집으로 돌아갈 거야! 아버지가 집으로 돌아가래."

"뭐라고, 집으로 간다고? 그렇게 자신만만하더니만!"

"야, 이번 폭풍은 장난이 아니라고. 나는 정말 무서워졌어!"

며칠 전까지 그렇게 자신만만하던 내 친구는 완전히 겁에 질린 표정으로 말했어요. 그리고 친구는 선장인 아버지에게도 나에 대해 모든 걸 다 이야기했어요.

친구 아버지인 선장님은 부모님 허락을 받아 오기 전에는

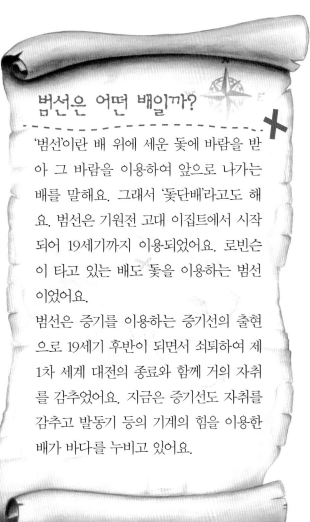

범선은 어떤 배일까?

'범선'이란 배 위에 세운 돛에 바람을 받아 그 바람을 이용하여 앞으로 나가는 배를 말해요. 그래서 '돛단배'라고도 해요. 범선은 기원전 고대 이집트에서 시작되어 19세기까지 이용되었어요. 로빈슨이 타고 있는 배도 돛을 이용하는 범선이었어요.

범선은 증기를 이용하는 증기선의 출현으로 19세기 후반이 되면서 쇠퇴하여 제1차 세계 대전의 종료와 함께 거의 자취를 감추었어요. 지금은 증기선도 자취를 감추고 발동기 등의 기계의 힘을 이용한 배가 바다를 누비고 있어요.

파도의 가장 큰 원인, 바람

파도가 일어나는 원인은 여러 가지가 있지만 그중에서도 바람의 영향을 제일 많이 받아요. 파도가 일어나는 원인을 살펴보면 다음과 같아요.

달의 인력에 의해 바다는 하루에 두 차례씩 밀물과 썰물을 반복하는데 이때 물의 흐름이 생기면서 파도가 일어요. 그리고 바람이 불면 바다 표면은 바람 때문에 마찰이 생기면서 바닷물이 움직이는데 이것을 '파도'라고 해요.

바람과 밀물과 썰물 그리고 바닷물이 일정하게 흐르는 방향인 '해류' 등이 서로 충돌하면 더 큰 파도가 일어나요. 그리고 바람이 세게 불면 불수록 더 엄청난 파도가 일어나요. 이 밖에 다른 영향도 많지만 파도는 바람에 의해 가장 많은 영향을 받아요.

두 번 다시 나를 배에 태울 수 없다고 했어요.

"로빈슨, 내 얘기 잘 들어라! 배를 타는 것은 장난이 아니다. 이번에 네가 잘못 되었으면 내가 무슨 낯으로 네 부모님을 뵐 수 있었겠냐. 더는 배를 태워 줄 수 없다. 내 아들과 함께 돌아가거라."

나는 집으로 가지 않겠다고 말하고 싶었지만 친구의 아버지를 곤란하게 할 수는 없어서 '집으로 돌아가겠어요'라고 대답했어요. 나와 친구를 포함해서 선원들에게 집으로 돌아가라고 말한 선장님은 모두에게 집으로 돌아갈 여비를 챙겨 주었어요. 죽을 고비를 넘긴 선원들은 당분간은 배를 타지 않겠다며 모두 집으로 돌아갔어요.

하지만 나는 집으로 돌아가지 않았어요. 아마 이 꼴로 집으로 돌아간다면 "거봐라. 내가 뭐랬냐!"면서 부모님의 질책을 받을 게 뻔했어요. 나는 친구와도 작별하고 혼자서 런던으로 갔어요.

03

로빈슨, 해적선을 만나다

공부가 되는
로빈슨 과학 탈출기

새로운 선장을 만나다

런던으로 간 나는 그곳에서 운 좋게도 친절한 선장님을 알게 되었어요. 그는 아프리카 기니 지방으로 배를 타고 가서 많은 돈을 벌었다고 했어요. 그말에 솔깃하여 나는 아프리카 기니로 가 보고 싶었어요.

"선장님! 저도 여기저기를 항해하면서 넓은 세상을 구경하고 싶어요. 그리고 돈도 많이 벌었으면 해요."

"좋아, 그럼 내가 이번 항해에 너를 끼워 주지. 그리고 이왕 가는 길이니 돈도 벌어 보라고!"

"정말요? 선장님, 꼭 좀 부탁드립니다."

선장님은 기니 항해에 나를 동참시켜 주었고 이렇게 하면 돈을 벌 수 있는지도 알려 주었어요.

나는 선장님의 권유에 따라 영국에서

산 물건을 아프리카 원주민들에게 되팔았어요. 덕분에 아프리카 기니에서 제법 큰돈을 벌 수 있었어요. 게다가 선장님에게 천체 관측법, 항해술 등을 자세히 배울 수 있었어요. 드디어 나는 훌륭한 뱃사람이 될 수 있다는 자신감을 갖게 되었고 그 자신감은 나에게 두려움을 빼앗아 갔어요.

해적의 노예가 되다

불행하게도 친절한 선장님은 영국으로 돌아오자마자 그만 병으로 세상을 떠나고 말았어요. 하지만 나는 여기서 항해를 그만둘 수 없었어요. 그래서 다시 다른 선장님과 그

배를 타고 항해에 나섰어요. 진짜 고난은 바로 이때부터 시작되었어요.

어느 날 아침, 우리가 탄 배는 아프리카 북서부 연안에 있는 카나리아 제도와 아프리카 해안 사이를 항해하고 있었어요. 그때 한 척의 해적선이 우리 배를 뒤쫓아 오는 것이었어요. 우리는 해적을 피하기 위해 돛을 올리고 전속력으로 달렸지만 결국 서로 부딪히게 되었고 해적들과 싸움을 하게 되었어요. 하지만 해적들이 너무 강해서 우리는 모두 해적들의 포로가 되고 말았어요. 해적들은 우리가 가진 모든 물건을 빼앗고 우리들을 노예로 삼았어요.

그렇게 나는 해적 선장의 노예가 되어 그의 시중을 들어야 했어요. 그렇지만 어떻게든 도망칠 기회만을 엿보고 있는데 마침 해적 선장이 나에게 물고기를 잡아오라며 낚시

카나리아 제도

카나리아 제도는 아프리카 서사하라의 서쪽에 있는 스페인 땅으로 일곱 개의 섬으로 이루어져 있어요. 스페인 전체의 열세 개 국립공원 중에 네 곳이 카나리아 제도에 포함되어 있을 만큼 다른 어떤 곳보다도 자연 유산이 많아요. 날씨는 무역풍의 영향을 받아 기후가 온난·건조하고 매년 약 1,000만 명 이상의 관광객이 카나리아 섬을 찾는다고 해요.

를 시켰어요. 물론 해적 선장은 나를 감시할 다른 노예를 함께 딸려 보냈어요. 해적들을 벗어날 기회는 지금밖에 없다고 생각한 나는 탈출을 결심했어요. 그날따라 유난히 바다가 푸르게 보였어요.

'오늘이야! 이 기회를 놓치면 기회는 다시 오지 않아!'

그래서 나는 그들 몰래 값나가는 물건들을 챙겼어요. 그리고 아무 의심도 받지 않고 물건들을 보트에 싣는 데 성공하면서 나는 탈출에 자신감을 가졌어요.

탈출에 성공한 로빈슨

만반의 준비를 갖추고 바다로 나온 나는 감시병 녀석이 방심한 틈을 타서 그 녀석을 밀어 물에 빠트렸어요. 그리고 가지고 나온 보트를 가로채 달아나는 데 성공했어요. 다행히 바람도 바다 쪽으로 불어 해적 선장이 사는 곳으로부터 빨리 멀어질 수 있었어요. 만약 바람이 역풍이었다면 탈출은 실패로 끝났을지도 모를 일이었어요.

망망대해에서 다행히 나는 브라질로 가는 포르투갈 배를 만나 구조가 되었어요. 포르투갈 배의 선장은 해적에게 붙잡혔다 탈출한 내 사정을 알고는 나에게 아주 친절하게 대해 주었어요.

해적을 물리쳐라!

'해적'이란 바다에서 배를 습격하여 물건을 강탈하는 도둑들을 말해요. 그리고 '해적선'은 그들이 타는 배예요. 해적은 인류의 공적으로 간주되어 어느 나라의 군함이라도 그들을 잡아서 자국의 법에 의해 처벌할 수 있어요. 예로부터 해적의 큰 세력이 발생한 곳은 해상 무역을 위해 배들이 주로 다니는 길목이었어요. 오늘날에는 거의 사라졌지만 최근에는 소말리아 지역에 소말리아 해적이 생겨났어요. 소말리아 해적은 1990년대 초 소말리아 내전으로 먹고살기 힘들어진 소말리아 사람들이 해적질에 나서면서 국제 운송에 아주 큰 위협이 되고 있어요.

033

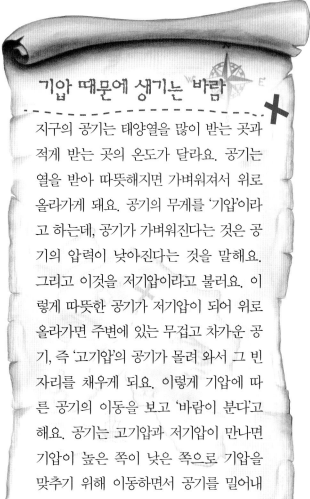

기압 때문에 생기는 바람

지구의 공기는 태양열을 많이 받는 곳과 적게 받는 곳의 온도가 달라요. 공기는 열을 받아 따뜻해지면 가벼워져서 위로 올라가게 돼요. 공기의 무게를 '기압'이라고 하는데, 공기가 가벼워진다는 것은 공기의 압력이 낮아진다는 것을 말해요. 그리고 이것을 저기압이라고 불러요. 이렇게 따뜻한 공기가 저기압이 되어 위로 올라가면 주변에 있는 무겁고 차가운 공기, 즉 '고기압'의 공기가 몰려 와서 그 빈자리를 채우게 돼요. 이렇게 기압에 따른 공기의 이동을 보고 '바람이 분다'고 해요. 공기는 고기압과 저기압이 만나면 기압이 높은 쪽이 낮은 쪽으로 기압을 맞추기 위해 이동하면서 공기를 밀어내기 때문에 바람의 방향이 달라지고 기압 차이가 세면 바람의 세기도 달라지는 것이에요.

"고맙습니다. 이 배를 만나지 않았다면 굶어 죽었을지도 모릅니다."

"원, 별 말씀을. 조난당한 사람을 돕는 것은 당연한 일이오. 우리는 브라질로 가는 중이니 브라질까지 무사히 안내하겠소. 브라질에 도착하면 가진 것을 팔아 돈으로 바꾸는 것이 좋을 거요. 일단 그때까지는 물건을 맡아 주겠소."

나는 포르투갈 배 선장에게 몇 번이나 고맙다는 인사를 드렸어요. 그리고 브라질에 내리면 물건을 팔아 생긴 돈으로 당분간은 몸을 추슬러야겠다고 생각했어요. 포르투갈 선장이 이끄는 배는 중간 중간에 파도를 만나기도 했지만, 별 탈 없이 무사히 브라질 항구를 향해 항해를 계속 했어요. 그리고 얼마간의 시간이 흐른 후, 나는 눈앞에 있는 브라질 항구를 보고서 그제야 살았다는 기분이 들었어요. 그리고 이제 나쁜 운은 모두 사라지고 반드시 좋은 운만 나를 따라 올 것이라고 믿었어요.

04

다시 모험을 떠나다

공부가 되는
로빈슨 과학 탈출기

브라질에 가다

포르투갈 배는 브라질에 도착해 나를 그곳에 내려 주었고, 나는 가지고 온 물건들을 팔아 모두 돈으로 바꾸었어요. 가지고 온 물건들은 값이 나가는 것들이라 꽤 많은 돈을 손에 쥘 수 있었어요. 친절한 포르투갈 배의 선장은 그곳의 농장 사람에게 나를 소개시켜 주었어요. 나는 포르투갈 배의 선장 덕분에 낯선 브라질에서 힘들지 않게 자리를 잡을 수 있었어요. 나는 갖고 있던 돈으로 브라질에서 땅을 사서 농사를 지었어요. 운이 좋았던지, 이듬해 농사는 풍년이었어요. 그래서 나는 많은 돈을 벌었고 굉장히 부자가 된 느낌이었어요. 그렇지만 농사를 지으면서도 바다로 나가고 싶은 마음을 누르기가 힘들었어요. 하지만 당장은 어떻게 할 수가 없어서 계속 농사를 지었어요.

브라질에서 4~5년 정도를 지내게 되자 이제 이웃도 많아졌어요. 나는 몇몇 이웃 농장주나 상인들과 가까이 지내게 되었어요. 나는 그들을 만날 때면 종종 예전에 기니 지방으로 배를 타고 가 많은 돈을 벌었던 경험담을 이야기해 주었어요.

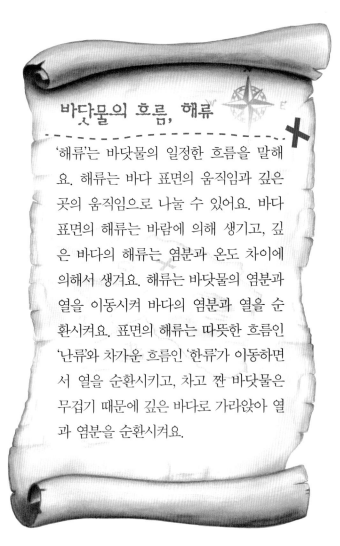

바닷물의 흐름, 해류

'해류'는 바닷물의 일정한 흐름을 말해요. 해류는 바다 표면의 움직임과 깊은 곳의 움직임으로 나눌 수 있어요. 바다 표면의 해류는 바람에 의해 생기고, 깊은 바다의 해류는 염분과 온도 차이에 의해서 생겨요. 해류는 바닷물의 염분과 열을 이동시켜 바다의 염분과 열을 순환시켜요. 표면의 해류는 따뜻한 흐름인 '난류'와 차가운 흐름인 '한류'가 이동하면서 열을 순환시키고, 차고 짠 바닷물은 무겁기 때문에 깊은 바다로 가라앉아 열과 염분을 순환시켜요.

"기니의 흑인들은 장난감이나 칼, 가위, 손도끼, 작은 유리 제품 따위를 어린애처럼 좋아해요. 그래서 그것들을 사금이나 상아와 교환해요. 그래서 나는 지금도 배를 타고 나가고 싶은 마음이 굴뚝같아요."

내 경험담에 솔깃해하던 몇 사람이 어느 날 아침, 나를 찾아왔어요.

"우리가 배와 모든 자금을 대 줄 테니, 당신이 배를 인도해 기니로 가서 흑인들과 물건을 교환해 금이나 상아를 가져와서 큰 이득을 남깁시다."

나는 다시 바다로 나갈 수 있다는 생각에 기분이 좋아 그들의 제안을 수락했어요. 그리고 그동안 친해진 친구들에게 농장을 잘 보살펴 달라고 부탁했어요. 나는 이번 항해가

내 책임에 이루어진다고 생각하니 전에 없던 긴장감이 몰려
왔어요.

다시 항해에 나서다

1659년 9월 1일, 나는 다시 기니로 가는 배에 올랐어요.
공교롭게도 날짜를 보니 이날은 8년 전 내가 부모님 말씀을
거역하고 친구 아버지가 선장으로 있는 배를 타고 항해를

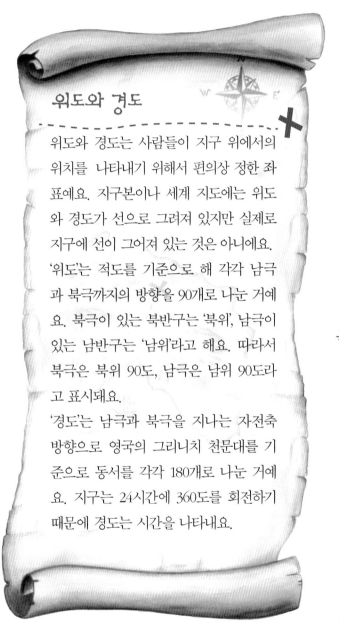

위도와 경도

위도와 경도는 사람들이 지구 위에서의 위치를 나타내기 위해서 편의상 정한 좌표예요. 지구본이나 세계 지도에는 위도와 경도가 선으로 그려져 있지만 실제로 지구에 선이 그어져 있는 것은 아니에요. '위도'는 적도를 기준으로 해 각각 남극과 북극까지의 방향을 90개로 나눈 거예요. 북극이 있는 북반구는 '북위', 남극이 있는 남반구는 '남위'라고 해요. 따라서 북극은 북위 90도, 남극은 남위 90도라고 표시돼요.

'경도'는 남극과 북극을 지나는 자전축 방향으로 영국의 그리니치 천문대를 기준으로 동서를 각각 180개로 나눈 거예요. 지구는 24시간에 360도를 회전하기 때문에 경도는 시간을 나타내요.

떠났던 바로 그날이었어요.

배는 해적들의 공격에 대비해 대포를 여섯 문이나 갖춘 120톤 정도 되는 커다란 배였어요. 배에는 선장과 선장의 하인 그리고 나 이외에 열네 명의 선원들이 타고 있었어요. 우리는 흑인들과 거래하기 쉬운 물건인 유리 제품, 나이프, 가위, 손도끼 등을 배에 가득 실었어요. 우선 해안을 따라 북쪽으로 나아가다가 북위 10도나 12도 부근에서부터 아프리카 쪽으로 항로를 바꿀 예정이었어요. 육지 생활만 하다 오랜만에 맡는 짜디짠 바다 냄새에 나는 고향에 돌아온 기분을 느꼈어요.

몹시 무더운 것만 빼면 항해하기에 아주 좋은 날씨였어요. 나는 모처럼 배를 타고 아주 편안한 기분을 만끽했어요. 기분이 편안해지자 이제 돈 버는 것은 시간문제라는 생각이 들었어요. 그러자 그 흥분으로 가슴이 뛰기 시작했어요. 즐거운 기분을 만끽하며 우리는 그 길로 12일 정도를 더 가자 적도를 지나게 되었어요.

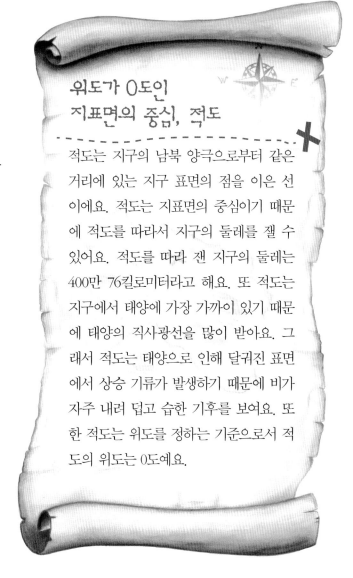

위도가 0도인 지표면의 중심, 적도

적도는 지구의 남북 양극으로부터 같은 거리에 있는 지구 표면의 점을 이은 선이에요. 적도는 지표면의 중심이기 때문에 적도를 따라서 지구의 둘레를 잴 수 있어요. 적도를 따라 잰 지구의 둘레는 400만 76킬로미터라고 해요. 또 적도는 지구에서 태양에 가장 가까이 있기 때문에 태양의 직사광선을 많이 받아요. 그래서 적도는 태양으로 인해 달궈진 표면에서 상승 기류가 발생하기 때문에 비가 자주 내려 덥고 습한 기후를 보여요. 또한 적도는 위도를 정하는 기준으로서 적도의 위도는 0도예요.

05

배가 난파당하다

공부가 되는
로빈슨 과학 탈출기

무서운 허리케인

　우리의 항해는 순조롭기만 했어요. 이제 남은 것은 가져온 물건을 기니에서 돈으로 바꾸는 일만 남은 것 같았어요. 나는 아프리카로 가서 돈을 벌어 온다는 생각에 잠시 행복한 기분에 빠져 있었어요. 멀리서 고래가 물을 내뿜는 모습도 보였어요. 기분이 좋아서인지 그 모습이 그리 아름다울 수 없었어요.

　하지만 나의 이런 평화로운 기분은 그리 오래가지 못했어요. 우리를 태운 배가 적도를 넘어서자 혼을 빼놓는 엄청난 태풍이 밀려왔는데 그것은 허리케인이었어요. 허리케인은 무려 10여 일 동안이나 계속되었어요. 10여 일이 지나자 살았다 싶었지만 잠잠해지던 허리케인은 다시 배를 덮쳤어요. 그래도 나는 이런 폭풍을 만난 경험도 있고 책임도 있고 해서 침착해지려고 무진장 노력을 했어요. 그러나 날이면 날마다 바다는 우리를 집어삼킬 듯이 사나워졌고 배를 탄 사람은 그 누구도 살아남지 못할 거라는 생각이 들 정도로

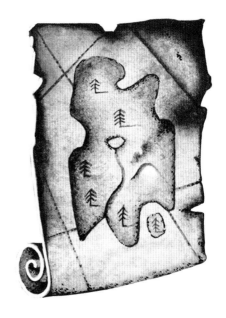

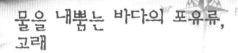

물을 내뿜는 바다의 포유류, 고래

고래는 바다에서 살지만 어류가 아닌 포유류예요. 그래서 다른 물고기처럼 아가미로 숨을 쉬지 않고 사람처럼 콧구멍을 통해 폐로 숨을 쉬어요. 고래의 콧구멍은 머리 위에 있는데 물속에 있을 때는 닫혀 있어 물이 들어가지 않아요. 고래는 30분에서 한 시간 정도 잠수할 수 있지만 자주 수면 위로 올라와서 숨을 쉬어야 해요. 고래는 수면에 올라오는 순간 가슴 속의 공기를 콧구멍을 통해 내보내는데 이때 고래 몸속에 있던 따뜻한 공기가 물방울이 되고 콧구멍에 고여 있던 바닷물이 같이 뿜어져 나오기 때문에 물을 내뿜는 것처럼 보이는 거예요.

허리케인은 무서웠어요. 끝내 우리 배는 한쪽이 부서지면서 물이 배 안으로 조금씩 새어 들어오기 시작했어요. 나는 살아남을 방법을 찾기 위해 지도를 펼쳤어요. 지도를 보니 우리가 있는 곳은 아마존 강 브라질 북부 근처였어요.

선장이 나에게 물었어요.

"어디로 갈까요?"

곰곰이 생각을 해 보니 이 근처에는 모두 무인도뿐이었어요.

"선장님, 유인도를 찾는 것이 우선입니다. 그러니 배를 돌리시죠?"

우리는 최대한 빨리 사람들이 사는 유인도로 가기 위해 배를 돌렸어요.

그러나 다시 얼마 가지 못해 폭풍우가 우리를 덮쳤어요.

이제 상황은 유인도, 무인도를 가릴 형편이 아니었어요.

그래서 우리는 그곳이 어디든지 육지만 발견되기를 빌고 빌었어요. 그렇게 며칠의 시간이 지났을까요?

어느 날 아침이었어요.

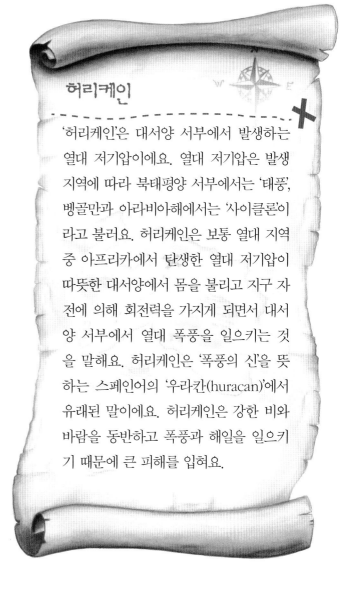

허리케인

'허리케인'은 대서양 서부에서 발생하는 열대 저기압이에요. 열대 저기압은 발생 지역에 따라 북태평양 서부에서는 '태풍', 벵골만과 아라비아해에서는 '사이클론'이라고 불러요. 허리케인은 보통 열대 지역 중 아프리카에서 탄생한 열대 저기압이 따뜻한 대서양에서 몸을 불리고 지구 자전에 의해 회전력을 가지게 되면서 대서양 서부에서 열대 폭풍을 일으키는 것을 말해요. 허리케인은 '폭풍의 신'을 뜻하는 스페인어의 '우라칸(huracan)'에서 유래된 말이에요. 허리케인은 강한 비와 바람을 동반하고 폭풍과 해일을 일으키기 때문에 큰 피해를 입혀요.

육지를 발견하다

"육지다!"

누군가 외쳤어요. 우리는 모두 그 희망을 붙잡기 위해 밖을 내다보려고 선실에서 뛰쳐나갔어요. 정말 육지가 보였어요. 배는 파도를 넘으며 육지를 향해 내달렸어요. 그때 다시 엄청난 파도가 우리를 덮쳤고 배는 쾅 하고 큰 소리를 내면서 모래부리를 들이받고 말았어요.

"이대로 가만히 죽음을 기다릴 순 없습니다. 배는 모래톱 위에 단단히 박혀 언제 산산조각 날지 몰라요. 다행히 갑판에 보트가 한 척 남아 있으니 모두 보트에 옮겨 탑시다."

"그럽시다. 보트로 옮겨 탑시다."

누군가의 외치는 소리에 우리는 모두 보트에 옮겨 타기로 했어요.

모두들 힘들게 보트를 바다로 내려 옮겨 타고는 육지를 향해 필사적으로 노를 저었어요.

한 4킬로미터쯤 앞으로 나아갔을 때였어요. 다시 느닷없이 거센 파도가 뒤에서 보트를 덮쳐 왔고 보트는 순식간에 뒤집혔어요.

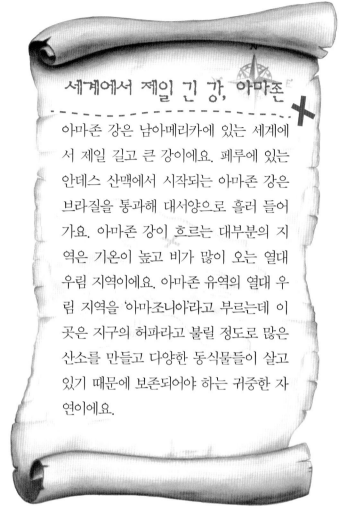

세계에서 제일 긴 강, 아마존

아마존 강은 남아메리카에 있는 세계에서 제일 길고 큰 강이에요. 페루에 있는 안데스 산맥에서 시작되는 아마존 강은 브라질을 통과해 대서양으로 흘러 들어가요. 아마존 강이 흐르는 대부분의 지역은 기온이 높고 비가 많이 오는 열대 우림 지역이에요. 아마존 유역의 열대 우림 지역을 '아마조니아'라고 부르는데 이곳은 지구의 허파라고 불릴 정도로 많은 산소를 만들고 다양한 동식물들이 살고 있기 때문에 보존되어야 하는 귀중한 자연이에요.

혼자 살아남은 로빈슨 크루소

보트를 타고 있던 사람들은 모두 바닷속으로 내팽개쳐지고 말았어요. 나는 거센 파도에 휩쓸려 바다에 떨어지면서 '아! 이젠 죽는구나'라는 생각이 들었어요. 하지만 그때 불현듯 부모님의 얼굴이 스쳐갔어요. 순간 어디서 그런 힘이 솟았는지 살아야겠다는 마음과 함께 죽을힘을 다해 헤엄쳤어요. 원래 수영에는 자신이 있었지만 거센 파도 속에서는 여간 힘든 일이 아니었어요. 발버둥 치면 칠수록 파도에 휩쓸려 갈 뿐이었어요.

왜 숨을 못 쉬면 죽을까?

보통 사람은 3분 이상 숨을 쉬지 못하면 뇌에 산소 공급의 문제가 생겨요. 뇌는 우리 몸을 지배하는 중요한 기관으로 145억 개의 뇌세포로 이루어져 있어요. 뇌는 많은 양의 산소를 필요로 하는데 혈액을 통해 산소를 유입해요. 따라서 혈액 순환이 되지 않거나 혈액 내 산소 부족이 일어나 뇌에 산소 공급이 되지 않으면 뇌는 자신의 기능을 하지 못하게 돼요. 산소 공급이 끊기면 뇌세포가 파괴되고 10분 이상 산소 공급이 되지 않으면 뇌가 제 기능을 하지 못하고 뇌사 상태에 이르러 죽게 돼요.

하지만 나는 운이 좋았는지 바로 앞에 바위를 발견할 수 있었어요. 나는 바위에 찰싹 달라붙어 끝까지 버텼고, 파도가 밀려간 틈에 기를 쓰고 육지를 향해 뛰었어요. 마침내 해변의 풀밭까지 왔을 때 목숨을 건졌다는 생각에 기쁨이 밀려왔지만 그 순간 나는 쓰러지고 말았어요. 그리고 다시 눈을 떴을 때, 다른 동료들은 모두 익사했는지 모자 네 개와 신발 두 켤레만 해안으로 떠밀려 왔을 뿐이었지요. 나는 내가 살았다는 기쁨도 잠시, 혼자가 되었다는 슬픔이 밀려와 엉엉 소리 내어 울었어요.

06

무인도에 떨어진 로빈슨

공부가 되는
로빈슨 과학 탈출기

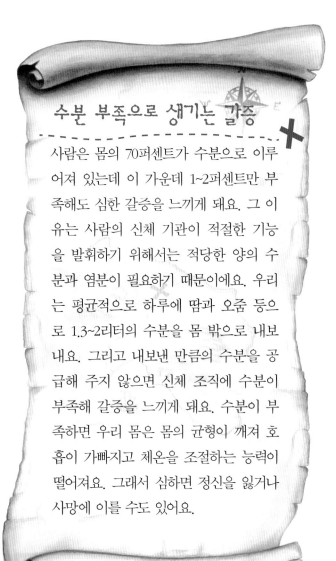

수분 부족으로 생기는 갈증

사람은 몸의 70퍼센트가 수분으로 이루어져 있는데 이 가운데 1~2퍼센트만 부족해도 심한 갈증을 느끼게 돼요. 그 이유는 사람의 신체 기관이 적절한 기능을 발휘하기 위해서는 적당한 양의 수분과 염분이 필요하기 때문이에요. 우리는 평균적으로 하루에 땀과 오줌 등으로 1.3~2리터의 수분을 몸 밖으로 내보내요. 그리고 내보낸 만큼의 수분을 공급해 주지 않으면 신체 조직에 수분이 부족해 갈증을 느끼게 돼요. 수분이 부족하면 우리 몸은 몸의 균형이 깨져 호흡이 가빠지고 체온을 조절하는 능력이 떨어져요. 그래서 심하면 정신을 잃거나 사망에 이를 수도 있어요.

무인도에서의
첫날밤

나는 한참을 울다가 해변가 풀 위에 꼼짝도 않고 늘어져 있었어요. 우리가 타고 온 배가 멀리 모래톱 위로 올라앉은 모습이 보였어요. 얼마나 시간이 흘렀을까. 나는 정신을 차리고 주위를 둘러보았어요. 그제야 제정신이 돌아오는 것 같았어요.

'사람이 살고 있을까? 만약 야만인들이 살고 있다면 난 죽임을 당하고 말겠지? 먹을 것이나 물은 있을까? 사나운 맹수가 있을지도 몰라.'

온갖 생각이 꼬리에 꼬리를 물고 일어났어요. 나는 주머니에 손을 넣어 보았어요. 물에 축축하게 젖어 있었지만 생존의 도구나 마찬가지라 여간 귀하게 여겨지지 않았어요.

내가 갖고 있는 것은 작은 주머니칼과 담배, 파이프 그리고 조그마한 상자에 담긴 잎담배뿐이었고 당장 필요한 것은 아무것도 없었어요. 나는 더 이상 가만히 있을 수 없어서 안전한 은신처를 찾아 나섰어요. 당장 오늘 밤부터 문제였어요. 하지만 그 전에 갈증을 해결할 물이 더 급했어요. 천만다행으로 나는 200미터쯤 떨어진 곳에서 물을 발견했어요. 정신없이 물을 마신 다음 젖은 담배를 꺼내 씹으면서 허기를 달랬어요.

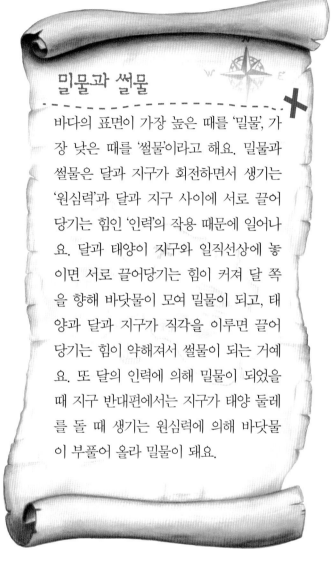

밀물과 썰물

바다의 표면이 가장 높은 때를 '밀물', 가장 낮은 때를 '썰물'이라고 해요. 밀물과 썰물은 달과 지구가 회전하면서 생기는 '원심력'과 달과 지구 사이에 서로 끌어당기는 힘인 '인력'의 작용 때문에 일어나요. 달과 태양이 지구와 일직선상에 놓이면 서로 끌어당기는 힘이 커져 달 쪽을 향해 바닷물이 모여 밀물이 되고, 태양과 달과 지구가 직각을 이루면 끌어당기는 힘이 약해져서 썰물이 되는 거예요. 또 달의 인력에 의해 밀물이 되었을 때 지구 반대편에서는 지구가 태양 둘레를 돌 때 생기는 원심력에 의해 바닷물이 부풀어 올라 밀물이 돼요.

'오늘 밤은 무조건 나무 위에서 자도록 하자. 맹수에게 잡아먹힐지 야만인에게 죽임을 당할지 아니면 굶어 죽을지 그런 것은 내일 생각하고.'

나는 나뭇잎이 무성한 큰 나무 위로 올라갔어요. 그리고

만약의 경우에 대비해 나뭇가지를 꺾어 곤봉을 하나 만들었어요. 지칠 대로 지쳐 있었던 나는 금세 나무 위에 푹 쓰러져 잠이 들었어요.

난파된 배를 만나서

얼마나 쓰러져 잤을까, 눈을 떠 보니 벌써 날이 밝아 있었고 따가운 햇살이 나뭇잎 사이로 비춰 내려왔어요. 몸은 밤새 내린 이슬에 눅눅하게 젖어 있었지만 햇볕에 몸이 금방 따스해졌어요. 정신을 차리고 잠시 후 주위를 둘러보던 나는 깜짝 놀랐어요. 잠이 든 밤 사이 배가 파도에 밀려 해안의 바위 가까이까지 와 있었어요. 참으로 고마운 일이었어요.

'옳지! 배에 가면 먹을 것이 있을 거야. 그 밖에 다른 필요한 물건들도 있겠지.'

하지만 아무리 배가 가까이 와 있어도 여전히 바닷물이 가로막고 있어서 배가 있는 곳까지 가기가 여간 힘든 게 아니었어요. 다가가지 못하고 속만 썩이고

공기 중의 수증기가 모인 이슬

'이슬'은 이른 아침 풀잎이나 나뭇잎에 맺혀 있는 작은 물방울이에요. 밤이 되면 땅의 온도가 떨어지고 주변의 공기가 차가워져요. 이때 공기 중의 수증기도 열을 빼앗겨서 물방울이 되는데, 이것이 풀잎이나 나뭇잎에 맺혀서 이슬이 되는 거예요. 공기 중에 수증기가 많을수록 이슬이 잘 생겨요. 그래서 호수나 하천 부근에서 이슬이 더욱 잘 맺혀요. 이슬이 생기는 온도를 '이슬점'이라고 하는데 이슬점이 0도 보다 낮아지면 수증기는 물방울이 되지 않고 바로 얼음이 돼요. 이 현상을 '서리'라고 해요.

있는데 얼마나 지났을까 썰물이 되면서 바닷물이 빠져 나간 덕분에 걸어서 배 위에 올라갈 수 있었어요. 나는 힘들게 배 안으로 넘어 들어갔어요. 다행히 식량이 들어 있는 창고는

물에 잠기지 않았어요. 나는 살았다는 안도감에 감사의 기도를 올렸어요. 그리고 살아남기 위해서 배 안에 있는 쓸 만한 모든 것을 육지로 옮기기로 했어요.

뗏목을 만들다

나는 고민 끝에 뗏목을 만들어 물건을 옮기기로 했어요. 그리고 뗏목을 며칠에 걸려 만들었어요. 뗏목이 완성되자

가지고 갈 물건들을 이것저것
꼼꼼히 챙겼어요.

우선 선원들이 쓰던 큰 궤짝
세 개를 찾아 그 안에 식량을
채워 넣었어요. 빵, 쌀, 네덜란
드 치즈 세 통, 말린 염소 고기
다섯 덩어리, 선장이 마시던
여러 종류의 술도 넣었어요.

입을 옷도 챙겼어요. 공구
상자도 찾아냈는데, 이것은 나
중에 매우 쓸모 있게 사용할
수 있었어요.

다음에는 무기를 찾으러
돌아다녔어요. 그래서 엽총
두 자루와 권총 두 자루, 녹
슨 칼 두 개를 찾아내었고, 작은

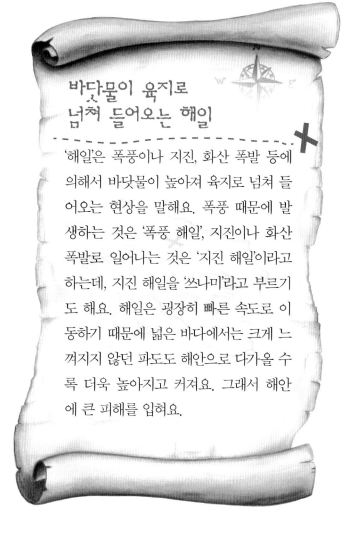

바닷물이 육지로 넘쳐 들어오는 해일

'해일'은 폭풍이나 지진, 화산 폭발 등에
의해서 바닷물이 높아져 육지로 넘쳐 들
어오는 현상을 말해요. 폭풍 때문에 발
생하는 것은 '폭풍 해일', 지진이나 화산
폭발로 일어나는 것은 '지진 해일'이라고
하는데, 지진 해일을 '쓰나미'라고 부르기
도 해요. 해일은 굉장히 빠른 속도로 이
동하기 때문에 넓은 바다에서는 크게 느
껴지지 않던 파도도 해안으로 다가올 수
록 더욱 높아지고 커져요. 그래서 해안
에 큰 피해를 입혀요.

주머니에 든 산탄과 나무통에 든 화약도 찾아내었어요.

이것들을 모두 뗏목에 싣자, 마침 밀물이 밀려들어 오기
시작했어요. 나는 밀물을 타고 해안에 닿을 수 있었어요. 그
다음 나는 머물 만한 장소를 찾기로 했어요.

'자, 그럼 짐을 보관할 안전한 장소를 찾아야겠다. 아니 그보다 이 부근을 주의 깊게 살펴봐야겠어. 옳지, 저 언덕에 올라가면 더 똑똑히 보일 거야.'

언덕으로 올라가다

1킬로미터도 훨씬 더 떨어진 곳에 가파른 언덕 하나가 보였어요. 나는 엽총과 권총을 들고 힘들게 언덕으로 올라갔어요. 그리고 꼭대기에 서서 주위를 둘러본 순간, 문제의 심각성을 깨달았어요. 사방을 둘러보니 주위는 온통 바다였고, 서쪽으로 15킬로미터 정도 떨어진 곳에 이 섬보다 한참 작아 보이는 섬이 두 개 보일 뿐이었어요.

다음 날 아침, 나는 어제와 마찬가지로 썰물 때가 되자 다시 난파선으로 갔어요. 그리고 또 뗏목을 이용해 남아 있는 여러 가지 물건을 옮겼어요. 하지만 뗏목을 이용해 혼자 옮기기에는 여간 힘든 것이 아니었어요.

크고 작은 못이 가득 든 주머니 두세 개, 기중기 한 개, 손도끼 두 개, 숫돌 한 개, 쇠지레 두세 개, 소총 일곱 자루와 엽총 한 자루, 탄알과 화약. 그 밖에 의류와 돛을 만드는 천

인 범포도 하나 챙겼어요. 그
물 침대와 침구도 챙겼어요.

혼자 살아가기
위해서

아무튼 나는 배 안에 있는
모든 것을 전부 섬으로 옮기
기로 했어요. 당장은 필요 없
을 것 같지만 혼자 살아남으려
면 나중에 꼭 필요할 일이 생
길 테니까요. 그래서 나는 날
마다 쉬지 않고 배 안의 물건
들을 실어 날랐어요. 그건 몹
시 고되고 힘든 일이었지만
생존과 직결된 일이라 쉬지
않고 작업을 했어요. 가는
밧줄과 삼끈, 물에 젖은 화
약까지 운반했어요. 돛도 작

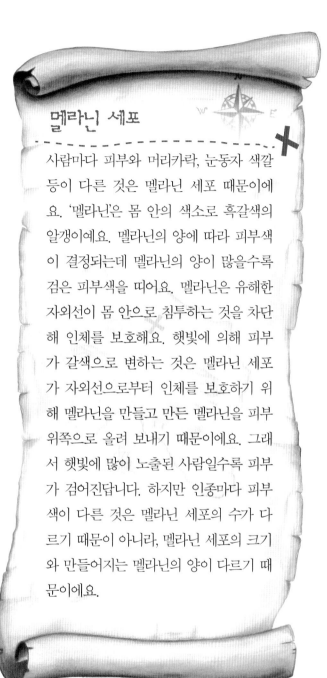

멜라닌 세포

사람마다 피부와 머리카락, 눈동자 색깔
등이 다른 것은 멜라닌 세포 때문이에
요. '멜라닌'은 몸 안의 색소로 흑갈색의
알갱이예요. 멜라닌의 양에 따라 피부색
이 결정되는데 멜라닌의 양이 많을수록
검은 피부색을 띠어요. 멜라닌은 유해한
자외선이 몸 안으로 침투하는 것을 차단
해 인체를 보호해요. 햇빛에 의해 피부
가 갈색으로 변하는 것은 멜라닌 세포
가 자외선으로부터 인체를 보호하기 위
해 멜라닌을 만들고 만든 멜라닌을 피부
위쪽으로 올려 보내기 때문이에요. 그래
서 햇빛에 많이 노출된 사람일수록 피부
가 검어진답니다. 하지만 인종마다 피부
색이 다른 것은 멜라닌 세포의 수가 다
르기 때문이 아니라, 멜라닌 세포의 크기
와 만들어지는 멜라닌의 양이 다르기 때
문이에요.

게 잘라 옮겼어요. 며칠 동안의 짐 나르기가 끝나자 배 안은 거의 비게 되었어요. 그 후에도 나는 매일 배에서 가져올 수 있는 것은 무엇이든 가져왔어요. 뭐든지 분명 살아남기 위해 하나같이 필요한 것들이라는 생각이 들어 아주 귀하게 다루었어요.

섬에 온 지도 벌써 13일이나 지났어요. 13일 동안 계속 햇빛에 노출되었더니 온몸이 발갛게 달아올라 화끈거리는 것 같았고 팔뚝에도 엄청난 멜라닌 세포가 몰려 붉다 못해 검어졌어요.

07

무인도에서 생존하기

공부가 되는
로빈슨 과학 탈출기

생존 방법을 찾다

그날 밤에도 밤새 폭풍이 몰아쳤어요. 시도 때도 없이 몰아치는 폭풍에 나는 여전히 적응을 못해 몸서리를 쳤어요.

다음 날 아침, 나는 천막에서 나와 바다를 바라보다가 깜짝 놀랐어요. 해안에 있던 배가 다시 파도에 밀려 감쪽같이 사라져 버렸기 때문이에요. 물건을 미리 옮겨 둔 것이 천만다행이었어요.

나는 이제 안전한 거처를 만들기로 했어요. 안전한 거처는 첫째 마실 물을 구하기 쉽고, 둘째 뜨거운 햇볕을 피할 수 있고, 셋째 야만인과 맹수의 습격을 피할 수 있는 곳으로 정해야 했어요. 마지막으로는 우연히 지나가는 배가 있으면 구조를 요청할 수 있도록 바다가 잘 보이는 곳이면 더 말할 나위가 없었어요.

이러한 조건에 맞는 장소를 찾던 중 나는 언덕 중간쯤에 있는 자그마한 평지를 발견했어요. 평지의 뒤쪽은 깎아지른 낭떠러지였고, 그곳에 동굴 입구처럼 움푹 들어간 곳이 있었어요. 그곳이 그나마 몇 가지 조건에 부합하는 곳이었어요. 나는 그곳에 울타리를 만들고 출입문 대신 사다리를 사용해서 드나들 수 있도록 했어요. 만약의 경우 사다리를 치우면 외부와 차단되어 안전한 요새가 될 수 있을 것 같았어요.

나만의 요새를 만들다

나는 마치 요새 같은 집이 완성되자 서둘러 짐을 옮겼어요. 그리고 천막 뒤의 절벽 쪽에는 동굴을 파서 창고를 만들기로 했어요. 열심히 동굴을 만들던 어느 날, 갑자기 검은 구름이 하늘 한쪽으로 퍼져 오는가 싶더니 굉장히 많은 비가 내렸어요. 그리고 번개가 번쩍이고 천둥도 치기 시작했어요. 또다시 종잡을 수 없는 바다 날씨가

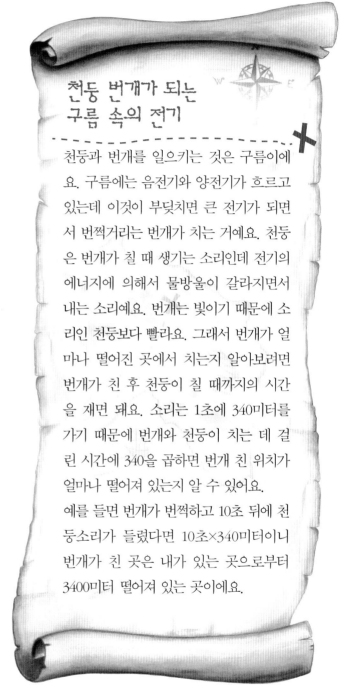

천둥 번개가 되는 구름 속의 전기

천둥과 번개를 일으키는 것은 구름이에요. 구름에는 음전기와 양전기가 흐르고 있는데 이것이 부딪치면 큰 전기가 되면서 번쩍거리는 번개가 치는 거예요. 천둥은 번개가 칠 때 생기는 소리인데 전기의 에너지에 의해서 물방울이 갈라지면서 내는 소리예요. 번개는 빛이기 때문에 소리인 천둥보다 빨라요. 그래서 번개가 얼마나 떨어진 곳에서 치는지 알아보려면 번개가 친 후 천둥이 칠 때까지의 시간을 재면 돼요. 소리는 1초에 340미터를 가기 때문에 번개와 천둥이 치는 데 걸린 시간에 340을 곱하면 번개 친 위치가 얼마나 떨어져 있는지 알 수 있어요.
예를 들면 번개가 번쩍하고 10초 뒤에 천둥소리가 들렸다면 10초×340미터이니 번개가 친 곳은 내가 있는 곳으로부터 3400미터 떨어져 있는 곳이에요.

시작된 거예요. 천둥 번개가 몰려오는 하늘을 바라보다가 나는 정신이 번쩍 들었어요.

'큰일이다. 만약 벼락이 화약에 떨어지면 모든 게 산산조 각이 날 텐데.'

나는 즉시 다른 일을 멈추고 화약이 폭발하는 사고를 막 기 위해 약 100개쯤 되는 주머니와 상자를 만들어서 화약을 조금씩 나누어 담았어요. 그리고 바위와 바위 사이 옴폭 들 어간 작은 구멍들에 따로따로 넣어 두었어요. 이렇게 화약 을 분산시켜 놓으면 한꺼번에 터지는 일은 없을 테니까요.

화약 나누는 일이 마무리가 되어 갈 쯤 배고픔이 밀려왔
어요. 하지만 비가 쏟아지니 밖으로 사냥을 나갈 수도 없어
서 굶을 수밖에 없었어요. 간신히 비가 그치자 나는 총을 들
고 여기저기 돌아다니면서 먹을 만한 것들을 찾아보았어
요. 하지만 총을 들고 있다고 해서 사냥이 생각만큼 쉬운 것
은 아니었어요. 그래도 운이 좋은 편이었어요. 야생 염소를
발견했으니까요.

염소 고기를 먹다

먹을 것을 찾아 이리저리 헤매다 야생 염소를 발견했을
때는 '이제야 살았다'는 생각이 들면서 반가웠어요. 하
지만 염소들이 어찌나 조심성이
많고 날쌘지 좀처럼 잡기가
힘들었어요. 그래도 나는
포기하지 않고 필사적으로
야생 염소를 추격했어요.
야생 염소를 못 잡으면 굶
어야 했으니까요.

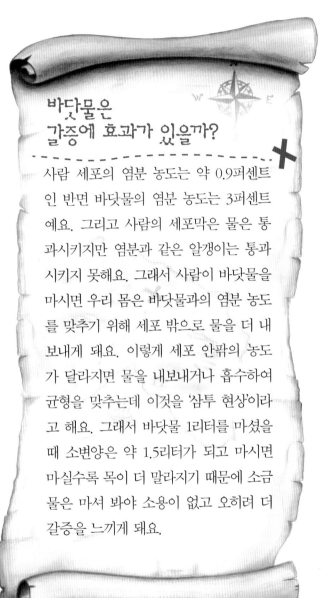

바닷물은 갈증에 효과가 있을까?

사람 세포의 염분 농도는 약 0.9퍼센트인 반면 바닷물의 염분 농도는 3퍼센트예요. 그리고 사람의 세포막은 물은 통과시키지만 염분과 같은 알갱이는 통과시키지 못해요. 그래서 사람이 바닷물을 마시면 우리 몸은 바닷물과의 염분 농도를 맞추기 위해 세포 밖으로 물을 더 내보내게 돼요. 이렇게 세포 안팎의 농도가 달라지면 물을 내보내거나 흡수하여 균형을 맞추는데 이것을 '삼투 현상'이라고 해요. 그래서 바닷물 1리터를 마셨을 때 소변양은 약 1.5리터가 되고 마시면 마실수록 목이 더 말라지기 때문에 소금물은 마셔 봐야 소용이 없고 오히려 더 갈증을 느끼게 돼요.

나는 추격 끝에 염소가 모여 있는 장소를 찾아내었어요. 그래서 바위 뒤에 숨어서 기회를 엿보았어요. 그러자 멀리 아래쪽에 염소 무리가 모습을 드러냈어요. 나는 염소들이 사정거리 안으로 들어오자 그 무리를 향해 총을 한 발 쏘았어요. 그리고 또 한 발을 쏘았어요. 그러자 염소 두 마리가 쓰러졌어요. 나는 그날 염소 두 마리를 사냥해 돌아왔어요. 힘들게 요리를 끝내고 배를 채운 다음 남은 고기는 잘 보관해 두고 조금씩 오랫동안 아껴 먹은 덕분에 배고픔에 크게 시달리지 않았어요. 그리고 먹을 물은 바로 가까이에서 구하지 못해 혹시나 싶어 목이 마를 때 바닷물을 마셔 보았지만 목만 더 말라 바닷물은 마실 수

없다는 것을 알았어요. 하지
만 소금은 바닷물을 이용해 손
쉽게 구할 수 있었기 때문에 그
것만 해도 다행이었어요.

외로움에 지친 로빈슨

얼마 후 안전한 거처를 완
성시킨 나는 이제야 죽지 않
고 살 수 있다는 안도감에 잠
시 행복을 느꼈어요. 하지
만 그것도 잠시 이 섬에서
혼자라는 생각에 우울해졌
고, 모든 것을 포기하고 싶
어졌어요.

천일제염법과 소금 채굴법

바닷물 1리터에는 소금이 35그램 정도 녹아 있기 때문에 바닷물에서 소금을 얻을 수 있어요. 바닷물에서 소금을 얻는 방법을 '천일제염법'이라고 하는데 소금밭인 염전에 바닷물을 가두어 놓고 물을 증발시켜 남은 소금을 얻는 것이에요. 이렇게 얻어진 소금을 '천일염'이라고 해요. 바다가 없는 나라에서는 소금을 암석에서 구하기도 해요. 이것을 '소금 채굴법'이라고 해요. 그리고 소금이 나는 산을 '소금 광산'이라고 부르는데 소금 광산에서 소금의 성분이 있는 돌을 채취해서 잘게 부수어 물에 녹여 거른 다음 물만 증발시키는 과정을 거쳐 소금을 얻어요.

'난 이대로 무인도에서 일생을 보내야 하는 것일까? 과연
집에 돌아갈 수 있을까?'

한동안 계속되는 우울증으로 죽을 것만 같았어요. 그러

나 나는 우울증과의 오랜 싸움 끝에 스스로를 격려하고 용
기를 내면서 우울한 상태에서 벗어나려고 했어요.

'로빈슨, 마음을 굳게 먹자. 물론 현재 네 운명은 비참하
지만 넌 유일하게 살아남았어! 살아남았다는 것만으로 감사
하고 최선을 다하자.'

나는 내 처지를 긍정적으로 생각하기 위해 지금 이 상황
에 대한 좋은 점, 나쁜 점을 생각해 보았어요.

〈나의 상황 점검표〉

나쁜 점 : 넓은 바다 무인도에 혼자 떨어져 구조될 희망이 없다.

좋은 점 : 동료들은 모두 물에 빠져 죽었는데 나만 살아남았다.

나쁜 점 : 세상에 사람이라고는 나밖에 없다.

좋은 점 : 나만 살아남았으니 또 이곳을 살아 나갈 행운이 올지도 모른다.

나쁜 점 : 입을 옷이 없다.

좋은 점 : 옷이 있더라도 입을 필요가 없는 열대 지방이다.

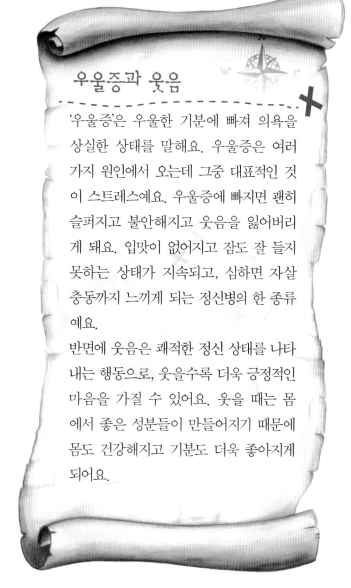

우울증과 웃음

'우울증'은 우울한 기분에 빠져 의욕을 상실한 상태를 말해요. 우울증은 여러 가지 원인에서 오는데 그중 대표적인 것이 스트레스예요. 우울증에 빠지면 괜히 슬퍼지고 불안해지고 웃음을 잃어버리게 돼요. 입맛이 없어지고 잠도 잘 들지 못하는 상태가 지속되고, 심하면 자살 충동까지 느끼게 되는 정신병의 한 종류예요.

반면에 웃음은 쾌적한 정신 상태를 나타내는 행동으로, 웃을수록 더욱 긍정적인 마음을 가질 수 있어요. 웃을 때는 몸에서 좋은 성분들이 만들어지기 때문에 몸도 건강해지고 기분도 더욱 좋아지게 되어요.

이렇게 〈나의 상황 점검표〉를 작성해 보기로 하고 바닷가로 나가서 '나만 살아남았다. 행복하다'면서 고래고래 고함도 질러 보았어요. 그리고 아침마다 일찍 일어나 해안가를 달리며 몸을 튼튼하게 하려고 운동도 열심히 했어요.

나는 이렇게 비참한 상황을 긍정적으로 돌리기 위해 최선을 다했어요. 내 마음도 살아남은 것에 감사하는 마음과 어찌할 줄 모르는 부정적인 마음이 뒤섞였지만 점차 현실을 인정하고 적응이 되면서 차츰차츰 안정을 찾기 시작했어요. 몸과 마음이 안정을 찾아가자 무인도와 파도와 하늘 등이 새롭게 보이고 정이 가기 시작했어요.

08

일기를
쓰다

공부가 되는
로빈슨 과학 탈출기

나만의 달력

우리 배가 폭풍우에 휘말려 난파되면서 나만 겨우 무인도에 홀로 살아남게 된 날은 1659년 9월 30일이었어요. 그렇게 무인도에서 생활한 지 열흘쯤 되는 날, 이러다가 시간이 어떻게 흘러가는지 모르겠다는 생각이 들었어요. 그것이 걱정스러워진 나는 서둘러 커다란 기둥으로 십자가를 만들어 내가 처음 밀려왔던 해안가에 세웠어요. 그리고 그 기둥에다 칼로 다음 문구를 새겨 넣었어요.

'1659년 9월 30일, 로빈슨 이곳에 상륙하다.'

그리고 그 옆에 날마다 칼로 눈금을 그었어요. 7일째 되는 날에는 두 배 정도 길게 눈금을 그었어요. 그리고 매월 첫날은 또 그 두 배의 길이로 눈금을 그었어요. 이런 식으로 해서 요일, 달, 해를 세어 가는 나만의 달력을 만들었어요. 이렇게 해야 시간을 잊어버리지 않고 세월이 흘러가는 것을 알 수 있었기 때문이에요. 또 하루하루 날을 세면서 칼로 새기는 과정에서 나는 살아서 돌아갈 수 있다는 희망을 다질 수 있었어요.

난파선에서 구한 펜과 잉크

그 무렵, 나는 배에서 가져온 물건들을 자세히 살펴보았는데 생각보다 쓸모 있는 것들이 많았어요. 펜, 잉크, 종이, 나침반, 해시계, 지도, 항해술에 관한 책 등은 전부 한곳에 따로 두었어요. 그 밖의 책도 몇 권 있었어요.

나는 펜과 잉크와 종이로 가능한 여러 가지 일들을 자세히 기록해 두었어요. 그러나 나중엔 결국 잉크가 모자라서 더는 기록할 수 없게 되었어요. 잉크를 만들어 보려고 연구했지만 도저히 만들 수 없었어요. 잉크 말고

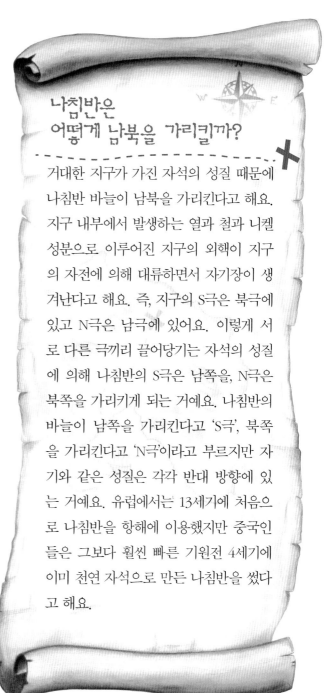

나침반은 어떻게 남북을 가리킬까?

거대한 지구가 가진 자석의 성질 때문에 나침반 바늘이 남북을 가리킨다고 해요. 지구 내부에서 발생하는 열과 철과 니켈 성분으로 이루어진 지구의 외핵이 지구의 자전에 의해 대류하면서 자기장이 생겨난다고 해요. 즉, 지구의 S극은 북극에 있고 N극은 남극에 있어요. 이렇게 서로 다른 극끼리 끌어당기는 자석의 성질에 의해 나침반의 S극은 남쪽을, N극은 북쪽을 가리키게 되는 거예요. 나침반의 바늘이 남쪽을 가리킨다고 'S극', 북쪽을 가리킨다고 'N극'이라고 부르지만 자기와 같은 성질은 각각 반대 방향에 있는 거예요. 유럽에서는 13세기에 처음으로 나침반을 항해에 이용했지만 중국인들은 그보다 훨씬 빠른 기원전 4세기에 이미 천연 자석으로 만든 나침반을 썼다고 해요.

도 없어서 곤란했던 것은 쟁기, 곡괭이, 삽 같은 농기구들과 바늘 같은 바느질 도구였어요.

시간이 지나면서 집 꾸미는 데도 차츰 신경을 쓰면서 나는 집을 살기 좋게 꾸몄어요. 그리고 일기를 쓰기 시작했어요. 하루도 빠뜨리지 않고 계속 썼어요. 언젠가 내가 살아서 이곳을 빠져 나간다면 내 기억을 생생히 되살려 줄 나의 증거물인 셈이었어요. 물론 잉크가 떨어지기 전까지만 쓸 수 있었어요.

로빈슨의 일기

다음은 그때 쓴 일기의 일부분이에요. 물론 일기는 필기구를 구한 다음에 다시 기억을 되살려 쓴 거예요. 그중 일부를 소개하면 다음과 같아요.

9월 30일

불쌍한 나 로빈슨 크루소는 항해하는 중에 엄청난 폭풍을 만나서 아무도 살지 않는 무인도에 흘러 들어왔다. 그래서 이 섬을 절망의 섬이라 부르고 싶다.

배에 같이 탔던 동료들은 모두 바다에 빠져 죽었다. 나도 거의 죽을 뻔했다. 하루 종일 내가 당한 불행을 생각하며 보냈다. 먹을 것도, 집도, 옷도, 무기도, 도망갈 곳도 없다. 구조될 가망성은 눈곱만큼도 없고 보이는 것은 죽음과 절망뿐이다.

맹수에게 잡아먹히든지, 야만인에게 살해되든지, 먹을 것이 없어 굶어 죽든지, 셋 중 하나다. 맹수들이 무서워 나무 위에서 죽은 듯이 잤다.

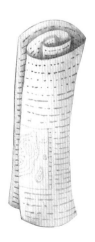

10월 20일

뗏목이 뒤집혀 싣고 오던 물건들이 모두 바닷물에 빠졌다. 그러나 썰물 때 다시 찾아올 수 있었다.

11월 4일

작업 시간, 사냥 시간, 취침 시간, 휴식 시간의 순서를 확실히 정했다. 내가 지키기로 한 하루 일정은 이렇다.

비가 오지 않으면 총을 가지고 두세 시간 동안 사냥을 한다. 그러고 나서 열한 시쯤까지 일한다. 점심 식사가 끝난 뒤 열두 시부터 두 시까지는 햇볕이 뜨겁기 때문에 낮잠을 잔다. 그런 다음 또 일을 한다.

11월 18일

아무래도 삽이 필요하다. 숲 속에서 삽으로 쓸 만한 것을 찾아다니다 브라질에서 철나무라고 부르는 단단한 나무를 발견했다. 도끼날이 망가질 정도로 힘을 들여 겨우 한 그루를 베어 쓰러뜨렸다.

너무 무거워 겨우 집까지 운반했다.

나무를 잘게 쪼개서 삽 모양으로 만들었다. 모양은 볼품없지만 그래도 없는 것보다 나을 것이다.

12월 27일

염소 두 마리를 총으로 쏘았다. 한
마리는 죽고, 또 한 마리는 다리에 총알
을 맞았다. 새끼 염소라 불쌍해서 집으로 데
리고 와 부러진 다리에 부목을 대 주었다.
오랫동안 상처를 치료해 주었더니 새끼 염소가 나를 아주 잘 따
랐다. 다리가 원상태로 회복되어도 떠날 생각을 하지 않았다.
그래서 울타리 안의 풀밭에 살게 해 주었다.
이렇게 해서 나는 염소를 기르게 된 것이다.
염소를 키우면 사냥하러 나가지 않아도 고기를 구할 수 있으니
화약과 탄알이 절약될 것이다.

하루하루 써 내려가는 일기는 마치 내 생명의 정신줄 같
은 기분이 들었고 마치 나 말고 또 다른 한 사람이 함께 사
는 듯한 위안과 위로를 주었어요.

얼떨결에 발견한 보리

나는 정신없이 바쁘게 일을 했어요. 아무도 나를 도와줄

사람이 없었고 생활에 필요한 모든 것을 하나하나 스스로 만들어야 했기 때문이에요.

어느 날, 나는 램프를 만들었어요. 그리고 점토로 만든 작은 접시에 염소를 죽였을 때 짜 둔 기름을 담고 삼 껍질의 보푸라기를 꼬아 심을 만들었어요. 아주 밝지는 않았지만 그럭저럭 쓸 만했어요. 그 정도만 해도 밤을 밝힐 수 있다는 것에 감사할 일이었어요.

그리고 또 어느 날, 이것저것 짐을 뒤적이다가 곡물이 들어 있는 작은 주머니를 하나 발견했어요. 나는 작은 주머니가 나중에라도 꼭 필요할 것 같아서 주머니 안에 담긴 곡물은 밖에 나가서 털어 버렸어요. 그런데 한 달 정도 지나자 그 자리에서 푸른 싹이 하나 돋아났어요.

"이건 보리다! 영국 밭에서 나는 것과 똑같은 보리야!"

나도 모르게 큰 소리로 외쳤어요. 보리를 수확할 생각을 하자 희망이 샘솟기 시작했어요.

6월 말이 되어 보리 이삭이 익자 나는 그것을 소중히 간직했어요. 한 번 더 그것을 뿌려 종자를 늘릴 생각이었어요. 보리 말고 벼가 나온 곳도 있었는데 벼 이삭도 수확해 늘려 갈 계획을 세웠어요. 얼떨결에 발견한 보리 덕분에 삶에 의욕이 더욱 힘차게 솟아났어요.

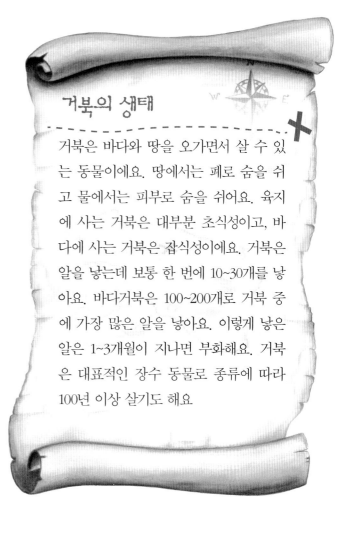

거북의 생태

거북은 바다와 땅을 오가면서 살 수 있는 동물이에요. 땅에서는 폐로 숨을 쉬고 물에서는 피부로 숨을 쉬어요. 육지에 사는 거북은 대부분 초식성이고, 바다에 사는 거북은 잡식성이에요. 거북은 알을 낳는데 보통 한 번에 10~30개를 낳아요. 바다거북은 100~200개로 거북 중에 가장 많은 알을 낳아요. 이렇게 낳은 알은 1~3개월이 지나면 부화해요. 거북은 대표적인 장수 동물로 종류에 따라 100년 이상 살기도 해요

거북을 발견하다

어느 날 나는 해변을 살펴보다 해변에서 큰 거북을 발견했어요. 그동안 해변을 무수히 살펴봤지만 거북을 발견한 것은 처음 있는 일이었어요. 나중에야 알았지만 섬 반대편에는 매일 몇 백 마리라도 잡을 수 있을 만큼 많은 거북이 있었어요. 나는 거북을 잡아 집으로 가져와서 하루 종일 요리하느라 시간을 보냈어요. 그 거북은 배 속에 알이 60개나 들어 있었고 맛도 무척 좋았어요. 거북을 요리해 배불

리 먹고 오랜만에 꺼억 하고 긴 트림을 했어요. 짧은 순간이나마 배부른 행복감을 느꼈어요.

무인도에서의 몸살

무인도의 날씨는 정말 종잡을 수가 없었어요. 그렇게 맑다가도 갑자기 폭풍우가 몰아치면서 온 세상을 집어 삼킬 듯이 변하고 또 어떤 때는 며칠 동안 해도 없이 비만 내렸어요. 이번에도 며칠째 비만 내리고 있었어요. 그래서 어쩔 수 없이 온종일 집에 틀어 박혀 있었어요. 집에만 있으니 이것저것 생각이 많아지고 고향에 대한 그리움과 혼자라는 무서움 때문에 견딜 수가 없었어요. 그런 생각과 비 때문인지 몸 상태가 좋지 않았어요. 몸이 심하게 떨리고 식은땀이 났어요. 그래서 하루 종일 자리에 누워 아무것도 먹지 못했어요. 잠만 자게 되니 계속 악몽에 시달렸어요. 집으로 돌아가지 못하고 무인도에 갇혀 쓸쓸히 죽음을 맞이하는 꿈을 계속 꿨어요.

'아, 이제 죽는구나!'

그렇게 2~3일을 심하게 앓았어요. 차라리 심하게 앓고 일어나니 기분은 한결 좋아졌어요. 그래서 밖으로 나와 조금 걸어 보려고 했지만 어지러워서 도저히 걸을 수 없었어요. 병이 완전히 나을 때까지는 꽤 시간이 필요했어요. 그래서 나는 계속 비가 내리는 우기가 제일 싫었어요. 하지만 이것도 시간이 지나고 보니 이곳 날씨의 특징이었어요. 내가 적응하는 수밖에 없었어요.

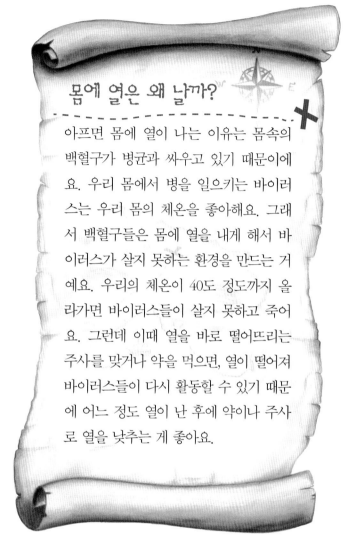

몸에 열은 왜 날까?

아프면 몸에 열이 나는 이유는 몸속의 백혈구가 병균과 싸우고 있기 때문이에요. 우리 몸에서 병을 일으키는 바이러스는 우리 몸의 체온을 좋아해요. 그래서 백혈구들은 몸에 열을 내게 해서 바이러스가 살지 못하는 환경을 만드는 거예요. 우리의 체온이 40도 정도까지 올라가면 바이러스들이 살지 못하고 죽어요. 그런데 이때 열을 바로 떨어뜨리는 주사를 맞거나 약을 먹으면, 열이 떨어져 바이러스들이 다시 활동할 수 있기 때문에 어느 정도 열이 난 후에 약이나 주사로 열을 낮추는 게 좋아요.

09

앵무새를
친구로 만들다

공부가 되는
로빈슨 과학 탈출기

섬 탐험에 나서다

    시간이 어떻게 흘러갔는지 혼자 살아남아 이 섬에 도착한 지도 벌써 1년 가까이 되었어요. 이제 구조될 희망도 마음속에서 점점 사라졌어요. 기약 없는 시간 동안 이 섬에서 지내야 할 것 같아 1660년 7월 15일, 나는 섬 전체를 탐험하기로 결정했어요. 그동안 맹수나 식인종을 만날까 무서워 집 주위만 맴돌고 있었는데 맹수나 식인종은 없을 것 같다는 확신이 들었어요. 그리고 어쨌거나 섬 전체가 궁금해졌고 못 가본 곳에 내가 모를 신기한 것이 있을지도 모른다는 생각이 들었어요.

    나는 우선 전에 뗏목을 대어 두었던 곳에서 시작하여 강을 거슬러 올라가 보았어요. 그리고 탐험을 하면서도 방향을 잃어버리지 않으려고 세심한 주의를 기울였어요. 가면 갈수

바다 위의 교통수단, 뗏목

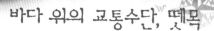

지금처럼 도로가 발달되기 전에는 강을 이용해서 물건을 운반하는 것이 육로를 이용하는 것보다 더 빠르고 편리했어요. 특히 무거운 물건을 옮길 때 뗏목을 이용하면 한 번에 많은 물건을 옮길 수 있었어요. 도로가 발달한 오늘날에도 목재를 운반하거나 배가 통과할 수 없는 곳으로 갈 때는 뗏목을 교통수단으로 쓰곤 해요. 뗏목은 주로 나무로 만들지만 중국에서는 대나무로 만들기도 하고 남아메리카와 이집트에서는 풀로 엮은 뗏목을 볼 수 있어요.

록 숲이 깊어지고 못 보던 열매가 열린 과일 나무들도 이곳저곳 눈에 띄었어요. 좀 더 일찍 숲으로 들어왔다면 과일도 구할 수 있었을 텐데 라는 후회도 들었어요. 그렇지만 덥석 따먹기에는 약간 겁도 났어요. 먹을 수 있는 것인지 확신이 들지 않았기 때문이에요. 나는 숲 속에서 하룻밤을 자고 다음 날 아침, 계곡 안으로 들어갔어요. 계곡 안으로 들어가니 확 트인 공간이 나왔어요. 그리고 바로 옆 언덕에서는 깨끗한 샘물이 흘렀어요. 나는 목이 마르던 참에 샘물을 벌컥벌컥 삼켰어요. 정말 시원했어요. 일단 여기까지 탐험을 마치고 나는 다시 집으로 돌아왔어요. 그리고 과일 나무가 많은 곳에 오두막을 지어 별장으로 쓰기로 했어요.

첫 수확

그러는 사이, 9월 30일이 되었어요. 바로 1년 전 내가 무인도에 내던져진 날이었어요. 두 달 정도 계속된 우기가 끝나자, 이번에는 날마다 햇빛이 쨍쨍 내리쬐는 건기가 계속되었어요. 이곳의 계절 변화를 알게 된 나는 1년을 건기와 우기로 나누고 그에 맞춰서 식량을 준비하기로 했어요. 먼저 땅을 갈고 보리알과 볍씨를 따로따로 뿌렸어요. 첫 파종은 실패했지만 두 번째부터는 보리와 벼가 잘 자라서 제법 수확을 할 수 있었어요.

더운 지방의 계절, 우기와 건기

'열대 지방'은 적도 부근에 있어 태양열을 많이 받아 더운 지방을 뜻해요. '아열대 지방'은 열대 지방 주위로 열대보다는 덜 더운 지방이지만 여전히 더운 지방이에요. 이런 열대 지방이나 아열대 지방에서는 계절을 봄, 여름, 가을, 겨울로 나누지 않고 건기와 우기로 나누어요. 비가 많이 오는 계절을 '우기'라 하고, 비가 거의 오지 않고 건조한 계절은 '건기'라고 하지요. 이렇게 우기와 건기가 생기는 이유는 적도에서 생긴 구름 때문이에요. 이 비구름이 이동해 머무는 곳이 우기가 되고 비구름이 떠나면 건기가 되는 거예요.

　'보리와 쌀이 늘어나면 그것을 담아둘 도구가 필요해. 자루가 있으면 좋겠지만 바구니라도 만들 수밖에.'

　그래서 나는 버드나무 비슷한 나뭇가지를 잔뜩 꺾어 와서 그것으로 여러 가지 크기의 바구니를 엮었어요. 어릴 때 집 근처 바구니 가게에서 바구니 만드는 걸 보았던 기억이 상당히 많은 도움이 되었어요.

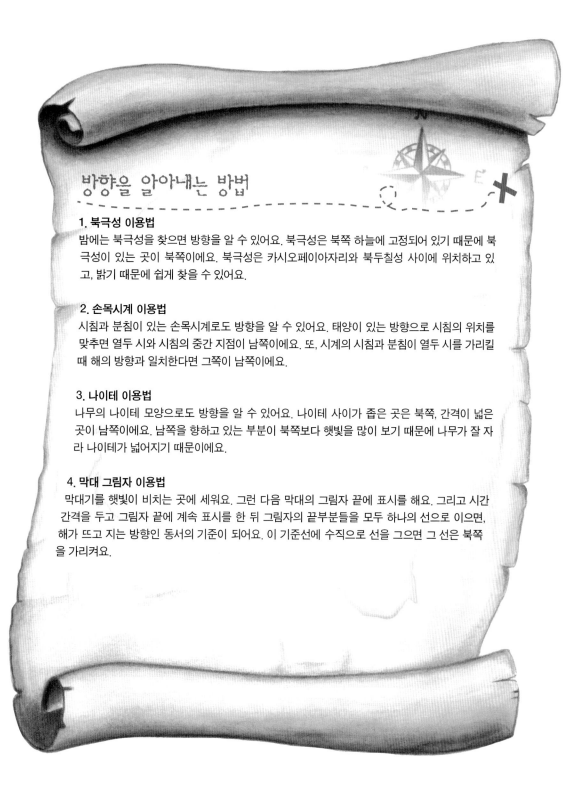

방향을 알아내는 방법

1. 북극성 이용법
밤에는 북극성을 찾으면 방향을 알 수 있어요. 북극성은 북쪽 하늘에 고정되어 있기 때문에 북극성이 있는 곳이 북쪽이에요. 북극성은 카시오페이아자리와 북두칠성 사이에 위치하고 있고, 밝기 때문에 쉽게 찾을 수 있어요.

2. 손목시계 이용법
시침과 분침이 있는 손목시계로도 방향을 알 수 있어요. 태양이 있는 방향으로 시침의 위치를 맞추면 열두 시와 시침의 중간 지점이 남쪽이에요. 또, 시계의 시침과 분침이 열두 시를 가리킬 때 해의 방향과 일치한다면 그쪽이 남쪽이에요.

3. 나이테 이용법
나무의 나이테 모양으로도 방향을 알 수 있어요. 나이테 사이가 좁은 곳은 북쪽, 간격이 넓은 곳이 남쪽이에요. 남쪽을 향하고 있는 부분이 북쪽보다 햇빛을 많이 보기 때문에 나무가 잘 자라 나이테가 넓어지기 때문이에요.

4. 막대 그림자 이용법
막대기를 햇빛이 비치는 곳에 세워요. 그런 다음 막대의 그림자 끝에 표시를 해요. 그리고 시간 간격을 두고 그림자 끝에 계속 표시를 한 뒤 그림자의 끝부분들을 모두 하나의 선으로 이으면, 해가 뜨고 지는 방향인 동서의 기준이 되어요. 이 기준선에 수직으로 선을 그으면 그 선은 북쪽을 가리켜요.

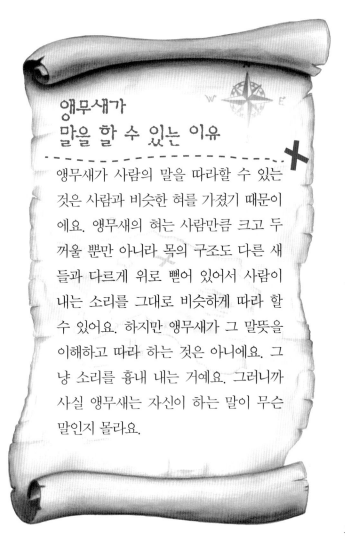

앵무새가 말을 할 수 있는 이유

앵무새가 사람의 말을 따라할 수 있는 것은 사람과 비슷한 혀를 가졌기 때문이에요. 앵무새의 혀는 사람만큼 크고 두꺼울 뿐만 아니라 목의 구조도 다른 새들과 다르게 위로 뻗어 있어서 사람이 내는 소리를 그대로 비슷하게 따라 할 수 있어요. 하지만 앵무새가 그 말뜻을 이해하고 따라 하는 것은 아니에요. 그냥 소리를 흉내 내는 거예요. 그러니까 사실 앵무새는 자신이 하는 말이 무슨 말인지 몰라요.

앵무새 포획

얼마 후, 나는 다시 섬 탐험에 나섰어요. 이번에는 섬을 가로질러 저편 해안까지 내려가기로 마음먹었어요. 해변에 도착하자 바다 너머로 멀리 길게 뻗어 있는 육지가 보였어요. 나는 그 섬에 누가 살고 있을지 궁금했어요. 내가 도착한 해변 숲에는 앵무새도 많이 있었고 거북도 아주 많았어요. 정말 먹을거리가 걱정 없는 곳이었어요. 내가 집을 정한 곳에서는 거북을 발견하기가 하늘의 별 따기였는데 말이에요.

앵무새를 보는 순간 좋은 생각이 떠올랐어요.

'저걸 잡아다 집에서 길러 보자. 말을 가르치면 훨씬 덜 외로울 거야.'

나는 앵무새 한 마리를 나무로 내리쳐서 기절을 시킨 다음 집으로 데리고 돌아왔어요. 하지만 그 앵무새가 말을 할 수 있게 되기까지는 몇 년이나 걸렸어요.

섬을 탐험하고 돌아보는 데는 생각보다 많은 시간이 걸렸어요. 그렇지만 이번 탐험은 아주 재미있었어요. 토끼 같은 동물이나 여우가 있다는 것도 알게 되었고, 새도 여러 종류가 있었어요.

탐험하는 동안 계속 지붕이 없는 곳에서 잤기 때문에 초롱초롱 빛나는 밤하늘의 별빛을 감상할 시간도 가질 수 있었어요. 하지만 역시 사람은 집이 제일 좋은 건지 시간이 조금 지나자 집에서 잠을 자고 싶어졌어요. 그래서 나는 그동안의 섬 탐험을 멈추고 다시 돌아왔어요.

바닷물은 얼마나 짤까?

보통 바닷물의 염도는 3.1~3.8퍼센트 사이예요. 물 1리터에 소금이 35그램 정도 녹아 있는 거라고 할 수 있어요. 그렇다고 전 세계 바닷물의 염도가 모두 같은 것은 아니에요. 강과 바다가 만나는 부분이나 녹아내리는 빙하 가까이에서 흘러나온 민물과 섞이는 곳은 바닷물의 염도가 낮을 수도 있어요. 반면, 이스라엘과 요르단에 걸쳐 있는 사해는 땅으로 둘러싸여 다른 바다보다 염도가 높은데, 물이 빠져나갈 곳이 없기 때문이에요. 사해는 바닷물 1리터당 275그램의 소금이 함유되어 있어요. 이것은 일반 바닷물의 염도보다 약 열 배나 많은 양이에요.

10

농사꾼이 되다

공부가 되는
로빈슨 과학 탈출기

농사 훼방꾼

어느덧 섬에 홀로 산 지도 3년째가 되었어요. 11월에는 보리와 벼를 수확할 예정이었어요. 푸르른 보리와 벼가 바람에 흔들릴 때 내 마음도 같이 흔들리는 것처럼 기분이 좋았어요. 물론 땅을 갈고 씨를 뿌린 곳은 비록 조금밖에 되지 않았지만 내 손으로 일군 것을 수확한다는 기쁨이 훨씬 컸어요.

하지만 뜻밖의 방해꾼들이 나타나 수확을 방해했어요. 그들은 바로 염소와 토끼였어요. 염소와 토끼들은 보리와 벼를 서로 뜯어 먹으려고 달려들었어요. 나는 어쩔 수 없이 서둘러 벼와 보리밭에 울타리를 만들었어요. 그런데 이번에는 하늘이 문제였어요. 토끼와 염소를 막고 나니 이제는 새 떼들이 날아들었어요.

"이놈의 새들, 저리 가!"

새들은 아무리 쫓아도 다시 날아들었어요. 나는 어쩔 수

새의 날개를 본뜬 비행기 날개

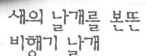

새는 날기에 적합한 몸을 가지고 있어요. 가벼운 몸을 만들기 위해 뼈 속이 비어 있고, 뇌의 크기가 작아요. 또 음식물이 몸에 오래 머물지 않고 빨리 소화되지요. 그리고 몸은 유선형으로 만들어졌어요. 유선형은 공기의 저항을 덜 받는 곡선의 형태예요. 마지막으로 새의 날개는 양력을 받을 수 있게 만들어져 있어요. 양력은 중력에 반대되는 힘으로 공중에 뜨게 하는 힘이에요. 날개 윗면과 아랫면을 통과하는 공기의 속도가 달라 새를 공중에 떠 있을 수 있게 만들어 주는 것이지요. 비행기의 날개도 이런 새의 날개를 본떠 만들었어요.

없이 총으로 새들을 쏘아 몇 마리를 잡았어요. 잡은 놈들을 끈에 매달아 밭에 묶어 놓았더니 신기하게 그 이후로는 새들이 날아들지 않았어요. 이제야 곡식을 제대로 거둘 수 있었어요.

논밭을 만들다

나는 12월 말경에 무사히 추수를 끝냈는데 벼가 약 28킬로그램, 보리가 그것보다 좀 더 많은 약 30킬로그램 정도였어요. 이번에 수확한 곡식은 먹지 않고 전부 다음 파종을 위해 저장해 두기로 했어요. 그리고 밭을 더 늘리기로 했어요. 그러다 보니 할 일이 산더미처럼 많아졌어요.

밭을 크게 넓혀야 하는데 연장이 없으니 도저히 어떻게 할 방법이 없었어요. 땅을 가는 쟁기나 괭이 따위가 필요했어요. 연장을 하나 만드는 데 일주일 정도의 시간이 걸렸어요. 물론 쇠가 아니라 모두 나무로 만들었어요. 연장 뿐만 아니라 추수한 곡식을 저장해 둘 단지가 필요해서 단지를 만들기로 했어요. 여기저기를 돌아다니며 그릇을 만들 수 있는 점토를 찾아서 단지를 만들었지만, 처음 해 보는 일이라 모양은 볼품이 없었어요. 그래도 일단 햇볕에 말려 단단히 건조시켜서 사용하는 데 의미를 두기로 했어요.

음식물을 오래 보관하는 방법

음식물은 시간이 지나면 미생물에 의해서 썩거나 변해서 먹을 수 없게 돼요. 그래서 옛날부터 사람들은 음식을 상하지 않게 저장하기 위해서 여러 가지 방법을 썼어요.

1. 말리기
미생물은 수분이 15퍼센트 이하가 되면 잘 번식하지 못해요. 그래서 식품을 말리면 미생물의 번식을 막아 오래 보관할 수 있어요. 멸치나 새우, 미역 같은 해산물과 고사리와 고추 같은 채소는 말려서 저장하면 오랫동안 먹을 수 있어요.

2. 절이기
식품에 소금을 넣어 절이면 식품에 있던 수분이 빠져나오기 때문에 오래 저장할 수 있어요. 쉽게 상하는 생선이나 채소를 소금에 절이면 잘 상하지 않아요. 대표적인 음식으로는 자반고등어와 장아찌, 김치 등이 있어요.

3. 연기 쐬기
식품에 연기를 쐬어 미생물의 번식을 막는 방법도 있어요. 이런 방법을 '훈제'라고 해요. 고기나 생선을 훈제하면 오래 저장할 수 있고, 맛도 독특해져요. 대표적인 것으로 훈제 연어나 훈제 닭고기 등이 있어요.

4. 설탕에 저장하기
그 밖에 설탕을 넣으면 세균이 죽기 때문에 오래 저장이 가능해져요. 과일에 설탕을 넣고 졸여 잼을 만들면 오래 보관할 수 있는 것과 같은 이치예요.

살림 도구 장만하기

섬 생활에 익숙해지자 나는 점점 문명 생활에서 사용했던 가재도구들의 필요성을 더욱 절실히 느꼈어요. 그래서 나는 많은 시간을 이용해서 가재도구들을 장만했어요. 특히 농사와 관련된 도구들을 만들기 위해 노력했어요. 우선 두 달에 걸쳐 접시와 냄비로 쓸 만한 그릇도 만들었어요. 만든 냄비로 고기 요리를 해 보았어요. 그런데 요리가 다 되어 불을 끄자 냄비가 마치 돌처럼 단단하게 굳어 있는 것을 발견했어요.

'불에 구우면 이렇게 단단하게 만들 수 있을까?'

나는 즉시 커다란 냄비 세 개와 단지를 불에 구워 보았어요. 불의 온도에 신경을 쓰면서 대여섯 시간 정도 구웠지요.

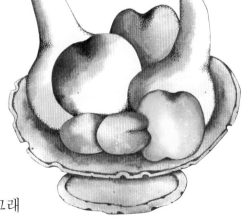

이튿날 아침, 열이 완전히 식기를 기다려 냄비를 꺼내 보니 점토에 섞인 모래가 열에 녹아 돌처럼 단단하게 굳어 있었어요. 냄비의 모양은 볼품없었지만 그래

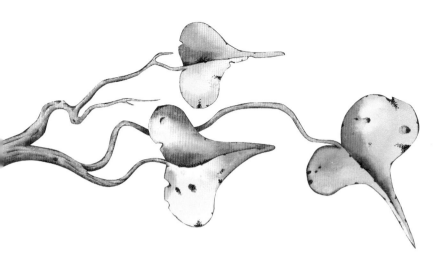

도 더 단단해져서 매우 쓸모 있었어요.

그다음에는 맷돌을 만들기 시작했어요. 그러나 섬에서 구한 돌은 쉽게 부서지는 돌이라 맷돌로 만들기가 어려웠어요. 결국 나는 어쩔 수 없이 나무로 맷돌을 만들었고, 절구와 절굿공이도 만들었어요.

나는 체도 만들어 보기로 했어요. 가루를 곱게 체 칠 수 있으려면 성긴 천이 있어야 했는데 그런 것을 구하기가 무척 어려웠어요. 그러던 어느 날, 선원들이 사용하던 천 조각을 보관해 둔 것이 문득 생각났어요. 그 천을 여러 장 이용해서 작은 체를 세 개나 만들 수 있었어요.

먹을거리 만들기

다음으로 나는 만든 도구들을 이용해서 빵을 구워 보기로 했어요. 먼저 벽돌을 쌓고 그 위에 질그릇 하나를 올려놓아 가마를 완성했어요. 그리고 장작을 태워서 질그릇을 달구었어요. 그런 다음, 빵 반죽을 떼어 질그릇 위에 놓았어요. 그리고 질그릇을 뚜껑 삼아 덮은 다음, 그릇 주위를 숯불로 계속 달구었어요. 이렇게 해서 나는 세상에서 제일 맛있는 보리 빵을 구워 내는 데 성공했어요. 나중에는 쌀 과자와 푸딩까지 만들 수 있게 되었어요. 내가 만든 도구들이 부족하나마 내 생활의 풍요를 가져다주었고, 잠시나마 큰 행복에 빠졌어요.

함정으로 염소를 잡다

어느덧 세월이 흘러 이 섬에 온 지도 벌써 11년이 되었어요. 오랜 세월이 흐르다 보니 그동안 아껴 썼지만 화약과 탄알이 조금밖에 남지 않았어요. 더 이상 염소를 총으로 잡을 수 없었어요. 그래서 나는 덫을 놓아 잡은 동물을 가축으로 키울 생각을 했어요.

하지만 염소는 조심성이 많은 데다 생각했던 것보다 영리한 동물이었어요. 먹이만 먹고 덫에는 잘 걸려들지 않았어

요. 그래서 나는 방법을 바꾸어 함정을 파서 염소를 잡기로
했어요. 함정은 효과가 있어요. 이렇게 해서 염소를 마흔세
마리나 잡아 목장에서 기를 수 있었어요. 이제 총 없이도 언
제든지 염소 고기와 젖을 얻을 수 있게 되었고, 버터와 치즈
도 만들 수 있게 되었어요.

덫의 종류

총이나 화살이 발명되기 전에는 덫을 사용해 사냥을 했어요. 오늘날에도 취미로 사냥을 할 때 덫을 사용해요. 덫의 종류는 잡는 동물에 따라 여러 가지가 있어요.

1. 함정
함정은 가장 오래 된 덫의 형태예요. 동물이 기어 올라오지 못할 정도로 깊게 구덩이를 파고, 구덩이라는 것을 알 수 없게 위에 풀과 나뭇가지를 덮어 두는 방법이에요. 동물이 함정 위를 지나가면 그대로 떨어져 빠져나올 수 없게 되어요.

2. 올가미
올가미를 만들어서 사냥하기도 해요. 올가미는 밧줄 등을 이용해 동물을 잡는 방법인데, 나무의 줄기를 밧줄로 끌어당겨 그 밧줄 끝에 고리 모양의 올가미를 만들어 발판 위에 두는 방법이에요. 동물이 발판을 밟으면 고리가 동물의 발을 묶어 나무의 탄력으로 공중에 매달리게 되는 것이지요. 이 덫은 발판 위에 미끼를 놓아 동물을 유인하기도 해요.

3. 쇠로 만든 덫
오늘날에는 쇠로 만든 덫을 많이 써요. 동물이 그 덫을 밟으면 순간적으로 동물의 발을 덮쳐 동물이 움직일 수 없게 만드는 방법이지요. 보통 집 안의 쥐를 잡을 때 이 덫을 써요.

4. 통발
물고기를 잡을 때는 통발이라는 덫을 사용해요. 한쪽이 막힌 통 안에 미끼를 넣어 두고 한 번 들어간 물고기를 다시 나오지 못하게 하는 방법이에요.

11

탈출을 꿈꾸다

공부가 되는
로빈슨 과학 탈출기

통나무배 만들기

섬에서의 생활이 안정되자, 섬을 탈출하고 싶은 마음이 목젖 끝까지 밀고 올라와서 견딜 수가 없었어요. 그래서 하루에도 몇 번씩 바다로 나가 수영을 하고 잠수도 하면서 섬 탈출에 대비한 준비를 했어요.

하지만 중요한 것은 배가 있어야 한다는 것이었어요. 가만히 생각해 보니 섬을 탐험할 때 보았던 섬이 떠올랐어요. 바로 내가 사는 섬 너머에 있던 섬이었지요. 그곳까지만 가면 혹시 살아날 방법이 있을지도 몰랐어요. 하지만 그곳에 가려면 배가 필요했어요. 나는 전에 이 섬에 처음 올 때 타고 왔던 보트를 떠올렸어요. 하지만 모래 속에 파묻혀 있는 보트는 혼자 힘으로 어떻게 할 수가 없었어요.

"그 보트만 물에 띄울 수 있으면 충분한데!"

안타까운 마음에 발을 동동 굴렀지만 현실은 현실이었어요. 그래서 직접 통나무배를 만들기로 했어요. 나무를 꺾어다 엮어 가면서 조금씩, 조금씩 배를 만들었어요.

시간이 얼마나 흘렀을까, 드디어 배가 만들어졌어요. 하지만 욕심 때문에 너무 큰 통나무배를 만들었다가 뭍에서

수영의 네 가지 종목

수영 종목은 크게 '자유형', '배영', '평영', '접영' 네 가지로 나뉘어요.

- 자유형은 오스트레일리아 사람이 처음으로 선보인 수영 방법이에요. 가장 빠른 수영 방법이며, 발로 좌우 교대로 물을 차고 손으로 물을 밀어내며 앞으로 나아가요.
- 배영은 물 위에 누워 헤엄치는 방법으로 자유형과 같은 발차기를 하며 손바닥으로 물을 밀면서 앞으로 나아가는 방법이에요.
- 평영은 옛날부터 존재했던 수영 방법이에요. 개구리가 수영하는 것과 비슷한 방법으로 양다리를 몸 쪽으로 당겼다 펴며 앞으로 나아가요.
- 접영은 양발로 동시에 물을 차며 양팔은 물 위로 동시에 나비의 날갯짓처럼 앞쪽으로 뻗으며 헤엄치는 방법이에요.

바다로 밀고 나가지 못해 실패하고 말았어요. 욕심이 판단을 흐리게 하고 만 것이에요. 결국, 바다로 띄우지 못한 배는 모래 속에 파묻힌 보트와 똑같은 신세가 되고 말았어요.

그래도 나는 포기하지 않고 다시 작은 통나무배를 만들기 시작했어요. 작은 통나무배는 내 힘으로 바다에 띄울 수 있었어요. 그 광경에 얼마나 기분이 좋은지 몰랐어요.

"성공이다. 이제 탈출할 수 있다! 로빈슨 너는 이제 돌아갈 수 있어!"

나는 벌써 탈출에 성공이라도 한 듯 섬을 빠져나갈 생각에 좋아서 어쩔 줄 몰랐어요. 그러나 그 기쁨은 오래 가지 못했어요.

죽을 고비를 넘기고

배를 띄우기로 한 그날은 날씨도 참 좋았어요. 전날 잠시 소나기가 내렸지만 소나기가 내린 후 아름다운 무지개를 발견한 것처럼 행운이 내게 오는 것 같았어요. 나는 내 자신에게 용기를 불어넣으면서 만반의 준비를 하고 배를 물에 띄워 힘껏 노를 저었어요. 배는 순조롭게 앞으로 나가는 듯 했어요. 나는 기쁨에 들떴어요. 멀리 보이는 섬에 바로 닿을 것만 같았어요.

하지만 기쁨도 잠시, 내가 탄 배는 조류에 휩쓸리고 말았어요. 아무리 노를 저어도 소용이 없었어요. 오히려 계속 밖으로 밀려 나갔고 곧 뒤집어질 것 같았어요. 후회해도 이미 때는 늦었어요.

아르키메데스가 발견한 부력의 원리

'부력의 원리'는 그리스의 아르키메데스라는 과학자가 처음 발견한 원리에요. 부력은 물체가 물속에 모두 혹은 일부분이 잠길 때, 물체가 자신이 밀어낸 물만큼의 힘을 받는 것을 말해요. 그 힘은 위쪽으로 작용하기 때문에 물체를 물 위에 뜨게 하는 것이지요. 바다나 강에서 배가 자신의 무게만큼 아래로 힘이 작용하면 그 반대 작용으로 물은 아래에서 위로 힘이 작용해요. 무거운 배가 물에 뜰 수 있는 것도 배의 무게보다 더 큰 부력이 작용하기 때문이에요.

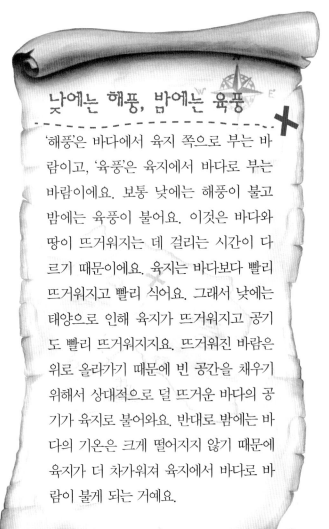

낮에는 해풍, 밤에는 육풍

'해풍'은 바다에서 육지 쪽으로 부는 바람이고, '육풍'은 육지에서 바다로 부는 바람이에요. 보통 낮에는 해풍이 불고 밤에는 육풍이 불어요. 이것은 바다와 땅이 뜨거워지는 데 걸리는 시간이 다르기 때문이에요. 육지는 바다보다 빨리 뜨거워지고 빨리 식어요. 그래서 낮에는 태양으로 인해 육지가 뜨거워지고 공기도 빨리 뜨거워지지요. 뜨거워진 바람은 위로 올라가기 때문에 빈 공간을 채우기 위해서 상대적으로 덜 뜨거운 바다의 공기가 육지로 불어와요. 반대로 밤에는 바다의 기온은 크게 떨어지지 않기 때문에 육지가 더 차가워져 육지에서 바다로 바람이 불게 되는 거예요.

바다 상태를 제대로 조사하지도 않고 무작정 작은 배에 올라탄 내 잘못이었어요. 지금 생각해도 어떻게 살아 돌아왔는지 모르겠어요. 그 후로 나는 다시는 바다로 나가지 않았어요. 이 섬을 벗어나는 것은 도저히 혼자 힘으로는 불가능하다는 것을 알았어요. 나는 조류로 인한 조수 간만의 차가 얼마나 무서운지 그때 비로소 처음 알았어요. 탈출에 들떴던 내 계획은 그렇게 무참히 무너지고 말았어요.

그 후로 가끔씩 필요할 때면 나는 배를 타고 바다로 나가긴 했지만 해변에서 돌을 던져 닿는 곳에만 갔고 그 두 배 정도를 벗어나는 위험한 상황은 만들지 않았어요. 그때의 악몽으로 인해 조류나 바람 또는 내가 알지 못하는 다른 위험에 빠

질지 모른다는 두려움 때문이
었어요.

그렇게 나는 탈출에 대한 꿈
을 접고 섬에서 하루하루 기약
없는 생활을 이어가고 있었어
요. 그리고 섬 생활을 오래하
다 보니 이제는 편안함마저 느
낄 때도 많아졌어요. 그래서
탈출에 대한 생각을 잊을 때도
있어요.

그런데 어느 날, 나만의
왕국이라 생각했던 이 섬
에서 내 삶을 바꾸는 일대
사건이 일어났어요.

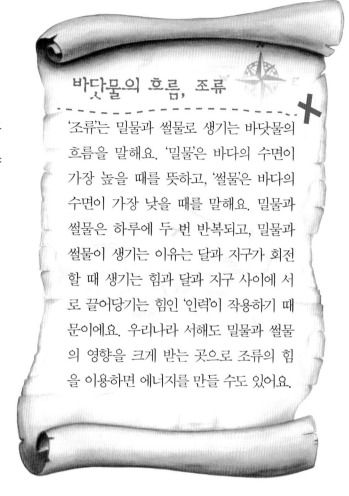

바닷물의 흐름, 조류

'조류'는 밀물과 썰물로 생기는 바닷물의
흐름을 말해요. '밀물'은 바다의 수면이
가장 높을 때를 뜻하고, '썰물'은 바다의
수면이 가장 낮을 때를 말해요. 밀물과
썰물은 하루에 두 번 반복되고, 밀물과
썰물이 생기는 이유는 달과 지구가 회전
할 때 생기는 힘과 달과 지구 사이에 서
로 끌어당기는 힘인 '인력'이 작용하기 때
문이에요. 우리나라 서해도 밀물과 썰물
의 영향을 크게 받는 곳으로 조류의 힘
을 이용하면 에너지를 만들 수도 있어요.

12

야만인이
나타나다

공부가 되는
로빈슨 과학 탈출기

사람의 흔적

어느 날 점심 때쯤이었어요. 통나무배가 있는 곳으로 가고 있던 나는 기절할 듯이 깜짝 놀랐어요. 모래사장에 사람의 발자국이 찍혀 있는 게 아니겠어요? 나는 내가 잘못 본 것이 아닌가 싶어 몇 번이나 다시 살펴보았어요. 그리고 우연히 그냥 짐승에 의해서 사람 모양의 발자국이 만들어진 것인지도 모른다고 여겼어요. 하지만 아닌 것 같았어요. 사람 발자국이었어요.

나는 주위를 둘러보고 귀를 기울여 보았지만 아무것도 보이지 않았고 아무 소리도 들리지 않았어요. 높은 곳에 올라 멀리까지 바라보았지만 사람의 모습은 전혀 보이지 않았어요. 그렇지만 분명 사람 발자국이었어요.

그날 밤, 나는 무서워서 한숨도 못 잤어요. 만약 그것이 나와 같은 사람의 발자국이라면 뭔가 섬을 벗어날 수 있는 희망을 주는 것이었지만 그것은 아닌 것 같았어요. 발자국의 크기나 흔적 등으로 보아 그것은 야만인의 발자국 같았어요. 야만인이 여기에 사람이 살고 있다는 것을 알게 되면

사람은 잠을 안 자고 얼마나 견딜 수 있을까?

제2차 세계 대전 중에 미국 육군은 사람이 잠을 얼마나 오랫동안 안 자고 비틸 수 있는지에 대한 실험을 했어요. 수백 명의 군인들을 대상으로 이루어진 실험이었어요.

피실험자들은 잠을 한숨도 자지 않고 버텨야 했어요. 그들은 이틀까지는 견뎌 냈으나 사흘째가 되자 대부분 녹초가 되었고 나흘이 지나자 거의 모든 병사가 쓰러졌다고 해요. 그래서 미국 육군은 사람이 잠을 안 자고 버틸 수 있는 시간을 사흘 정도라고 결론 내렸어요. 잠을 자지 않으면 자는 동안 분비되는 성장 호르몬과 스트레스와 노화를 방지하는 호르몬이 나오지 않고, 에너지를 충원할 수 없어 피로가 쌓이게 되고 결국 쓰러지고 말아요.

날 죽이려고 할 것이 틀림없었어요.

나는 그날 이후 혹시 일어날지 모를 일에 대비하기 시작했어요. 그래서 염소 목장과 재배하던 벼와 보리를 사람의 손이 닿지 않은 것처럼 자연스럽게 꾸미고 집은 더욱 튼튼하게 울타리를 치고 나무를 심어 밖에서 알아볼 수 없게 만들었어요. 그렇지만 당장은 아무 일도 일어나지 않았어요.

그 후로 많은 시간이 흘렀고, 나는 사람의 발자국에 관해서는 까맣게 잊었어요. 하지만 우려하던 일은 일어나고 말았어요.

모닥불을
피운 자리

그날 나는 평소에는 거의 가
지 않던 서쪽 바다를 살피고
있었어요. 그런데 이번에는 긴
가민가한 사람의 발자국이 아
니라 사람의 흔적이 또렷이 남
아 있었어요. 누군가 모래사
장에 모닥불을 피운 흔적이었
어요. 분명 섬 주변의 야만인
들이 다녀갔을 거란 생각이 들
었어요. 하지만 이미 한 번 놀
란 뒤라 나는 훨씬 침착해져
있었어요. 나는 모닥불의
흔적을 따라 주위를 이곳
저곳 살폈지만 그 외에 다
른 흔적은 발견하지 못했어
요. 나는 집으로 돌아와 집 주
위의 방어가 제대로 되어 있는지 꼼꼼히 점검했어요.

불을 피우는 몇 가지 방법

라이터 없이 불을 피우는 방법은 여러
가지가 있어요.

우선 볼록 렌즈인 돋보기를 이용하면 불
을 피울 수 있어요. 볼록 렌즈는 빛을
한곳으로 모아 주기 때문에 빛을 잘 흡
수하는 검은 종이 위로 햇볕을 모으면
그 열로 인해 연기가 피어오르면서 불이
붙는 것을 관찰할 수 있어요.

또 부싯돌이나 마른 나무를 이용해서
불을 피울 수 있어요. 부싯돌이나 마른
나무를 서로 부딪치거나 비비면 마찰로
인해 열이 생겨요. 이렇게 생긴 열이 온
도가 높아지면 불이 붙게 되는 거예요.
성냥도 불이 잘 붙는 물질을 종이나 나
무 위에 발라 놓은 것으로 그 부분을 문
질러 생긴 마찰열로 불이 붙는 거예요.

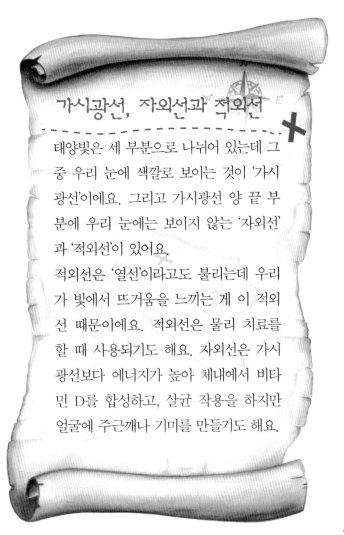

가시광선, 자외선과 적외선

태양빛은 세 부분으로 나뉘어 있는데 그 중 우리 눈에 색깔로 보이는 것이 '가시광선'이에요. 그리고 가시광선 양 끝 부분에 우리 눈에는 보이지 않는 '자외선'과 '적외선'이 있어요.

적외선은 '열선'이라고도 불리는데 우리가 빛에서 뜨거움을 느끼는 게 이 적외선 때문이에요. 적외선은 물리 치료를 할 때 사용되기도 해요. 자외선은 가시광선보다 에너지가 높아 체내에서 비타민 D를 합성하고, 살균 작용을 하지만 얼굴에 주근깨나 기미를 만들기도 해요.

드디어
발견하다

또 그렇게 시간이 흘렀어요. 하지만 나는 마음속으로 늘 대비를 하고 있었어요. 아마 그날은 내가 이 섬에 살게 된 지 23년째의 12월, 어느 날 새벽이었어요. 마침 곡식을 수확할 때여서 나는 몹시 바빴어요. 그날도 새벽부터 일어나 밖으로 나갔어요. 그런데 집으로부터 약 3킬로미터쯤 떨어진 해안에서 깜빡거리는 불빛을 보았어요. 나는 쏜살같이 집으로 다시 돌아와 싸울 준비를 갖추고 뒤쪽 바위산으로 뛰어올라 갔어요.

얼마나 정신없이 뛰어올라 갔는지 그곳에 도착하니 온몸이 비 오듯 땀에 젖어 있었어요. 마침 그때 어둠이 가시고 해가 동쪽에서 서서히 올라오고 있었어요. 그리고 맑은 날씨라 하늘의 구름도 여기저기 하얗게 떠 있는 것이 보였어요. 나는 눈을 들어 불빛이 보이는 곳을 관찰했어요.

멀리서 보니 그들이 모닥불을 피워 놓고 그 주위에 빙 둘러앉아 있는 것이 보였어요. 나와 같은 처지의 사람은 아니고 야만인인 것이 분명했어요. 그들은 바닷물이 차기를 기다렸다 철수하려는 것 같았어요. 나는 야만인의 실체를 확인하고는 공포감에 휩싸였고 온몸에 식은땀이 좍 흘렀어요. 그래도 그동안은 평화롭고 행복했다는 생각이 들었어요.

예상대로 밀물이 되어 바닷물이 서쪽으로 흘러가기 시작하자 그들은 즉시 통나무배를 타고 돌아갔어요. 하지만 야만인들이 내가 사는 섬에 그리 자주 찾아오지는 않는 것 같았어요. 내가 최초로 그들을 목격하고 그들이 이 섬에 다시

사람이 땀을 흘리는 이유

사람은 일정한 체온을 유지하는 항온 동물이기 때문에 언제나 37.5도의 체온을 가지고 있어요. 그런데 날이 덥거나 운동을 하면 몸이 뜨거워지기 때문에 우리 몸은 체온을 유지하기 위해서 땀을 내보내요. 땀이 나면 땀이 날아가면서 체온을 떨어뜨리기 때문에 체온을 유지할 수 있는 거예요. 그런데 땀을 흘리면 몸 속의 노폐물도 같이 나오기 때문에 땀을 흘린 후에는 꼭 깨끗이 씻어야 해요.

찾아온 것은 그로부터 1년 3개월이 지난 뒤의 일이었어요. 나는 야만인의 등장으로 인해 좋든 나쁘든 이 섬의 삶에 큰 변화가 일어나리라는 직감이 들었어요.

13

난파선을 발견하다

공부가 되는
로빈슨 과학 탈출기

대포 소리가 울리고

아마 내 기억으로 5월 16일 밤이었어요. 이미 말했지만 나는 그때까지 나무 기둥에 금을 그어 날짜를 표시하고 있었어요. 그날도 하루 종일 폭풍우가 몰아치고 있었어요. 폭풍우가 몰아치는 것은 내가 지금까지 섬에서 살아오면서 경험한 것으로는 별것 아니었어요. 문제는 그다음이었어요.

그때, 바다 쪽에서 쿵 하는 커다란 소리가 들려 왔어요. 분명 폭풍우 소리가 아니었어요. 나는 깜짝 놀라 서둘러 밖으로 뛰어나가 사다리를 이용해 높은 곳으로 올라갔어요. 이 소리는 지금까지 섬에서 들었던 것과는 뭔가 다른 소리였는데 자연의 소리가 아니라 바로 문명의 소리였어요. 쿵 하는 소리와 함께 어두컴컴한 바다 위에서 번쩍하고 붉은 빛이 피어올랐어요. 이것은 분명 대포 소리였어요. 나는 두 번째 대포 소리를 들으려고 귀

를 기울였어요. 30초 정도 지
났을까 쿵 하는 소리가 다시 들
려왔어요.

'언젠가 내가 통나무배를 타
고 떠내려갔던 부근인 것 같은
데……. 틀림없이 저 배는 대
포를 쏘아서 구조를 요청하고
있는 거야.'

문득 나도 신호를 보내야겠
다는 생각이 들었어요.

'어쩌면 나도 구조될 수
있을지 모르겠다.'

조난 시 모닥불 피우는 방법

조난을 당했을 때는 모닥불을 피워서 연
기로 구조 요청을 해요. 이때 멀리서도
한눈에 조난당했다는 것을 알리기 위해
서 국제적인 구조 신호로 모닥불의 규격
을 정해 두었어요. 이것을 '3점 모닥불'이
라고 부르는데 그 방법은 다음과 같아
요. 먼저 땅에 큰 삼각형을 그려요. 그리
고 그 꼭짓점마다 모닥불을 피워요. 이
렇게 모닥불을 피워 놓으면 멀리서도 조
난 신호임을 알아볼 수 있기 때문에 빨
리 구조될 수 있어요.

모닥불을
피우다

나는 서둘러 마른 장작을 가득 쌓아 올리고 장작에 불을
붙였어요. 언젠가 이런 날이 올 줄 알고 비를 맞지 않도록
지붕까지 있는 불 피울 곳을 만들어 두었던 나의 선견지명

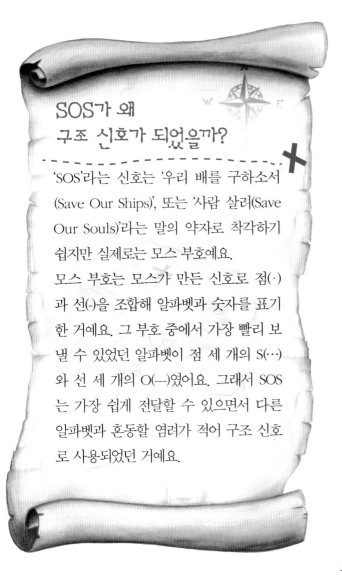

SOS가 왜 구조 신호가 되었을까?

'SOS'라는 신호는 '우리 배를 구하소서(Save Our Ships)', 또는 '사람 살려(Save Our Souls)'라는 말의 약자로 착각하기 쉽지만 실제로는 모스 부호에요. 모스 부호는 모스가 만든 신호로 점(·)과 선(-)을 조합해 알파벳과 숫자를 표기한 거예요. 그 부호 중에서 가장 빨리 보낼 수 있었던 알파벳이 점 세 개의 S(···)와 선 세 개의 O(---)였어요. 그래서 SOS는 가장 쉽게 전달할 수 있으면서 다른 알파벳과 혼동할 염려가 적어 구조 신호로 사용되었던 거예요.

에 감탄을 했어요. 장작더미의 불꽃은 폭풍의 바람을 타고 더 기세 좋게 타올랐어요.

'부디 내 신호를 알아차려야 할 텐데!'

내가 피운 장작더미에서 불꽃이 한창 타오를 때, 배에서도 연달아서 몇 발이나 대포를 더 쏘았어요. 내 신호를 알아차린 게 틀림없다고 생각했어요. 나는 밤새도록 불을 피웠어요. 어떻게 밤이 지나갔는지도 알 수 없었어요. 날이 밝아 오자 밤새 몰아치던 폭풍우는 잠잠해지고 날씨가 맑게 갰어요. 그리고 바다가 한눈에 들어왔어요. 섬의 동쪽 바다에 무엇인가 떠 있는 게 보였어요. 멀리 있었지만 망원경으로 배라는 것쯤은 확인할 수 있었어요.

'배가 닻을 내리고 정박하고 있는 게 아닐까?'

  나는 확인해 보고 싶은 충동을 이기지 못해 총을 메고 급히 해안 쪽으로 달려갔어요. 좀 더 가까이 가 보니 그 배가 난파선이라는 것을 똑똑히 알 수 있었어요. 엄청난 바람과 조류 때문에 물속의 암초에 걸린 것 같았어요.

  '그런데 선원들은 어떻게 되었을까? 내 신호를 보고 모두 이쪽으로 오려다 거센 파도에 휩쓸려 버린 것일까? 혹시 또 다른 배가 있어서 모두를 구조해 데리고 가 버린 것일까? 아냐, 옛날 내 동료들처럼 모두 바다에 빠져 죽어 버린 게 틀림없어.'

나는 난파선을 바라보면서 간절히 바랐어요.

'아, 부디 단 한 사람만이라도 살아 있다면! 나와 함께 이야기를 나눌 단한 사람이라도 무사하기를!'

나는 수십 년 전 우리 배와 똑같은 운명에 처한 난파선을 보며 누군가 살아 있기를 간절히 바랐어요.

발견된 난파선

며칠 후, 바다는 언제 그랬냐는 듯 잠잠해졌어요. 날씨도 맑게 개어서 밤이면 하늘에서 떨어지는 별똥별도 볼 수 있었어요. 낮에도 밝은 태양 아래서 바다는 평온해 보였어요. 하지만 그사이에 난파선에선 아무런 기척이 없었어요.

나는 통나무배를 타고 난파선까지 가 보기로 했어요.

'저 배 안에서 뭔가 쓸모 있는 것이 발견될지도 몰라. 어쩌면 혹시 살아남은 사람이 있을지도 모르고.'

통나무배는 동쪽으로 흐르는 조류를 타고 점점 앞으로 나아갔어요. 그리고 두 시간 정도 걸려서 난파선에 도착했어요. 배의 모양새를 봐서는 스페인 배 같았는데 두 개의 바위 사이에 끼여 앞뒤가 모두 산산조각 나 있었어요.

나는 난파선 안으로 들어갔어요. 맨 먼저 눈에 띈 것은 두 남자의 시체였어요. 배 안을 전부 둘러보아도 살아남은 사람은 발견되지 않았어요. 단 한 사람이라도 살아남아 있기를 바란 내 기대는 물거품이 되고 말았어요.

희망을 가지다

나는 무엇인가 내게 도움이 될 만한 것이 없을까 하고 여러 가지 짐을 살폈어요. 하지만 대부분은 바닷물에 잠겨 못 쓰게 되었어요. 그래도 그중에 뭔가 쓸모 있는 것이 들어 있을 것 같은 커다란 상자 두 개를 통나무배로 옮겨 실었어요. 그 외에 뿔로 만든 화약통에 들어 있는 화약과 총도 발견했어요. 총은 더 이상 필요 없어서 그냥 두고 화약만 가지고 가기로 했어요. 그리고 작은 주전자 두 개와 냄비, 고기를 구울 수 있는 석쇠 등 이것저것 챙겨 실었어요.

난파선에서 돌아온 뒤, 나는 밖에는 나가지 않고 집안일을 하면서 한가롭게 지냈어요. 하지만 야만인이 언제 올지 모르는 불안감 때문에 마음을 놓을 수는 없었어요. 그래서 밖에 나갈 일이 있을 때에는 야만인이 올 염려가 없는 섬의 동쪽으로만 다녔어요.

그동안 나는 무인도를 빠져 나갈 여러 계획을 세웠어요. 이미 배가 한 번 나타났으니, 앞으로 두 번, 세 번 나타날 가능성이 높아졌기 때문이었어요. 새롭게 나타난 배로 섬을 빠져나갈 궁리에 잠시 가슴이 부풀었지만 그렇게 계절이 바뀌고 바뀌면서 그로부터 또다시 2년이나 흘러갔어요.

14

사람을
구출하다

공부가 되는
로빈슨 과학 탈출기

망원경을 만든 사람

망원경은 1608년 네덜란드에서 안경을 만들던 한스 리퍼세이라는 사람이 처음으로 발명했어요. 그는 볼록 렌즈를 두 개 겹쳐 보면 멀리 있는 것이 가깝게 보인다는 것을 발견하게 되었어요. 그래서 조그만 원통에 볼록 렌즈를 두 개 달아서 쓰게 된 것이 망원경의 시초예요.

현재는 볼록 렌즈와 오목 렌즈로 망원경을 만드는데 눈을 대는 쪽의 렌즈는 오목 렌즈를 쓰고 물체 쪽의 렌즈는 볼록 렌즈를 써요. 볼록 렌즈를 두 개 쓰면 물체가 거꾸로 보이기 때문이에요. 한스 리퍼르세이가 망원경을 발명했다는 소식을 듣고 한걸음에 달려간 갈릴레이는 그에게 망원경 원리를 배워 와서 우주 망원경을 만들어 별을 관찰하면서 '지구가 둥글다'는 것을 증명해 냈어요.

야만인과의 대결

섬에 온 지 24년이 되어 갈 무렵, 우려했던 대로 내가 살고 있는 북쪽 해안에 야만인이 탄 다섯 척의 통나무배가 들어왔어요.

나는 그들을 발견하고 나서 당황해서 우선 집으로 돌아왔어요. 그다음 바위산 꼭대기로 올라갔어요. 그리고 망원경으로 내려다보니 서른 명 정도의 야만인이 모닥불 주위를 맴돌며 춤을 추고 있었어요.

잠시 후에 그들은 통나무배에서 남자 둘을 끌어냈어요. 둘은 행색으로 보아 야만인에게 잡힌 포로처럼 보였어요. 두 사람 중 한 사람이 야만인에게 얻어맞더니 바닥에 푹 쓰러졌어요. 그리고 나머지 한 남자는 무서움에 질린 듯 그냥 우뚝 서서 멍하니 있었어요.

그러나 다음 순간, 그렇게 서 있던 남자가 갑자기 도망치기 시작했어요. 그 남자는 미친 듯이 달렸는데 그 방향이 바로 내 집이 있는 쪽이었어요. 나는 도망치는 남자를 구해야겠다는 생각이 들었어요. 나는 숨어 지켜보고 있다가 그들이 가까이 다가오자 총을 쏘았어요. 남자를 쫓던 야만인이

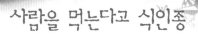

사람을 먹는다고 식인종

'식인종'이란 말 그대로 사람을 먹는 종족을 말해요. 식인종들에게는 고대부터 인간을 신에게 제물로 바치는 관습이 있었어요. 신에게 가장 귀한 것을 바쳐야 한다는 생각 때문에 인간을 제물로 바친 거예요. 그리고 제사가 끝난 뒤엔 신의 기운을 얻기 위해 제물을 나눠 먹었다고 해요. 그래서 제사를 지낸 사람들은 제물로 바쳐진 인간을 나눠 먹은 것이지요. 또, 전투에서 승리한 부족이 상대 추장의 눈알이나 몸 일부분을 먹기도 했어요. 상대방에게 겁을 주어 복종하게 만들기 위해서였어요. 또 추장의 영혼이나 능력이 먹는 사람에게 옮겨진다고 생각했기 때문이기도 해요.

푹 쓰러졌어요. 야만인들은 내 총소리에 놀라 모두 통나무 배를 타고 섬에서 도망가기 시작했어요. 나는 도망치던 남자를 구해 내 집으로 데려왔어요. 이제 그동안 불안하게나마 유지되던 평화마저 완전히 깨져 버렸어요.

내가 구해 준 남자는 다른 야만인과 달리 머리카락도 곱슬곱슬하지 않고 넓은 이마와 영리해 보이는 눈을 가지고 있었어요. 피부색도 보기 좋은 짙은 갈색에다 얼굴형은 동그스름하고 코는 오뚝했으며, 얇은 입술 안에는 상아처럼 새하얀 이가 가지런했어요. 그리고 그 남자는 아주 어려 보였어요. 나는 그를 진정시켜 주었고 그는 나에게 몇 번이나 감사의 표시를 했어요. 드디어 나는 혼자가 아니라 누군가와 함께 살 수 있게 되었어요.

가족이 생기다

나는 그에게 이름을 지어 주어야겠다고 생각했어요. 그러고 보니 내가 그 남자를 구한 날이 내가 매긴 달력으로는 금요일이었어요. 그래서 나는 그 남자의 이름을 '프라이데이'라고 부르기로 했어요.

"이제 네 이름은 프라이데이야, 프라이데이."

프라이데이가 땅에 무릎을 꿇고 나에게 몸짓으로 고마움을 표했어요. 말이 통하지 않아 나는 프라이데이에게 영어를 가르치기로 마음먹었어요.

다음 날 나와 프라이데이는 어제 프라이데이가 도망친 해안으로 가 보았어요. 프라이데이는 손짓과 몸짓을 동원해, 야만인에게 잡혀 끌려온 포로가 모두 네 명이었으며 그중에 셋은 잡아먹혔고, 자기는 마지막으로 당할 차례였다고 이야기했어요. 프라이데이는 전에 이곳에 온 사람들도 모두 야만인이라고 했어요.

무인도에서의 행복

몇십 년 만에 함께 지낼 사람이 생기자 나는 정말로 사람 사는 기분이 났어요. 비록 말은 거의 통하지 않았지만 그것은 문제가 되지 않았어요. 프라이데이와 함께 지내면서 섬 생활은 매우 유쾌하고 바빠졌어요. 지금까지와는 달리 2인 분의 식량을 준비해야 했기에 우선 밭을 넓히고 작물을 늘려야만 했어요.

그러던 어느 날, 나는 프라이데이를 섬 건너편으로 데리고 가면서 이것저것 물어보았어요.

"이 섬에서 저편 육지까지는 얼마나 되니? 통나무배가 가라앉은 적은 없었니?"

"위험하지 않아요. 통나무배는 한 번도 가라앉은 적이 없었어요."

프라이데이는 조금 멀리 떨어진 바다 쪽으로 나가면 아침저녁으로 조류의 방향이 반대가 된다고 했어요. 또 서쪽으로 가면 백인들이 살고 있다고 했어요. 내

신기루란 뭘까?

'신기루'는 실제로 존재하지 않는 것이 눈에 보이거나, 물체가 실제 위치가 아닌 다른 위치에 있는 것처럼 보이는 것을 말해요. 이런 현상은 공기가 불안정할 때 빛이 휘어져서 생기는 거예요. 사막이나 극지방의 바다는 바닥의 온도와 공기의 온도가 큰 차이를 보이기 때문에 이런 현상이 일어난다고 해요. 신기루는 공기가 빛을 반사하면서 먼 곳의 물체가 가까이 있는 것처럼 보이기도 하고 작은 물체가 큰 물체처럼 보이기도 해서 사람에게 혼란을 주는 현상이에요.

가 어떻게 하면 여기서 백인들이 살고 있는 곳으로 갈 수 있는지 묻자, 큰 통나무배만 있다면 가능하다고 했어요. 프라이데이의 말에 나는 섬을 살아서 빠져나갈 수 있을 것이란 희망이 생겼어요.

나와 프라이데이는 시간이 지날수록 더욱 친밀해졌어요. 나는 프라이데이에게 많은 이야기를 했어요. 프라이데이는 모래사장 속에 박혀 있는 보트를 물끄러미 바라보며 무엇인가 골똘히 생각했어요.

"왜 그러니, 프라이데이? 뭘 생각하고 있니?"

"이런 보트가 우리나라에 오는 걸 봤어요. 우린 물에 빠진 백인들을 구해 줬어요."

"그럼 그 보트에 백인들이 타고 있었단 말이니?"

"네. 보트 안에 백인들이 가득 있었어요."

"몇 명이나 있었지?"

프라이데이는 손가락으로 열일곱 명을 표시했어요. 프라이데이가 말하는 백인은 몇 년 전에 보았던 스페인 난파선의 뱃사람일 것이라는 생각이 들었어요. 그들은 프라이데이의 나라에서 같이 어울려 살고 있다고 했어요.

이런 대화를 하고 나서 프라이데이는 바닷가에 나가 바다 저편을 아주 열심히 쳐다보더니 갑자기 깡충깡충 뛰어다니며 멀리 떨어져 있던 나를 불렀어요.

둘이서 만든 통나무배

"저기 좀 보세요! 우리나라가 보여요. 저기에 우리나라가 있어요."

프라이데이는 눈을 반짝이며 어린아이처럼 기뻐했어요. 그 모습을 보자 나는 무척 서운했어요. 나는 프라이데이에게 물었어요.

"프라이데이, 너희 나라로 돌아가고 싶지?"

"네, 우리나라에 돌아가면 정말 좋겠어요."

나도 프라이데이의 기분을 충분히 이해할 수 있었어요. 내가 이 섬에 처음 홀로 남겨졌을 때가 생각났어요. 그 당시, 나는 고향 생각이 간절했고 지금도 돌아가고 싶은 마음은 그대로였어요. 그러니 프라이데이가 부모님이 계시는 고향으로 돌아가고 싶다는 것은 당연한 말이었어요.

그래서 나와 프라이데이는 큰 통나무배를 만들어 프라이데이의 나라에 가기로 했어요. 우리는 즉시 커다란 통나무배를 만들 수 있는 나무를 찾으러 나섰어요. 그리고 통나무배를 만들 수 있는 나무들을 베어다 모았어요.

그렇게 둘이서 한 달 정도 고생한 끝에 드디어 통나무배가 완성됐어요. 통나무배는 훌륭하게 물에 떴어요. 스무 명

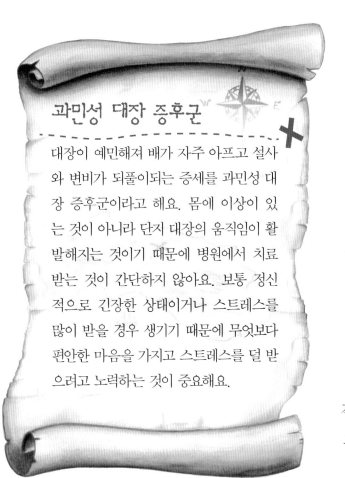

과민성 대장 증후군

대장이 예민해져 배가 자주 아프고 설사와 변비가 되풀이되는 증세를 과민성 대장 증후군이라고 해요. 몸에 이상이 있는 것이 아니라 단지 대장의 움직임이 활발해지는 것이기 때문에 병원에서 치료받는 것이 간단하지 않아요. 보통 정신적으로 긴장한 상태이거나 스트레스를 많이 받을 경우 생기기 때문에 무엇보다 편안한 마음을 가지고 스트레스를 덜 받으려고 노력하는 것이 중요해요.

은 족히 탈 수 있을 것 같았어요.

"자, 프라이데이. 이제 완전히 끝났다. 앞으로 돛을 조종하는 법과 키 조작법을 가르쳐 줄 테니 잘 보도록 해."

프라이데이는 기본적인 것만 약간 가르쳐 주었는데도 금방 배워서 곧 솜씨 좋은 선원이 되었어요. 이즈음 나는 계속 긴장해서인지 과민성 대장 증후군으로 설사를 자주했어요.

15

야만인을
물리치다

공부가 되는
로빈슨 과학 탈출기

야만인을 물리치다

어느 날, 밖으로 나갔던 프라이데이가 뭔가에 놀라서 허겁지겁 뛰어들어 왔어요.

"큰일 났어요! 큰일 났어요!"

"왜 그러니. 무슨 일이야?"

"저기 저쪽에 통나무배가 오고 있어요."

"뭐라고? 통나무배가 온다고?"

얼마 전 프라이데이를 죽이려 했던 야만인들이 다시 통나무배를 타고 우리 섬으로 오고 있었어요.

프라이데이는 자신을 죽이러 오는 거라며 무서워했어요. 나도 무섭고 긴장하여 입술이 바짝바짝 타들어 갔지만 정신을 차리고 프라이데이에게 용기를 북돋아 주었어요.

"프라이데이, 괜찮아. 내가 있잖아. 우리가 힘을 합쳐 놈들과 싸우자고!"

"하지만 저쪽은 사람이 너무 많아요."

"걱정 마. 우리에겐 총이 있어. 총을 쏘면 놈들은 놀라서 도망갈 거야. 지난번에 봤잖아."

나는 정신을 바짝 차리고 우선 바위산에 올라가 망원경으로 야만인들의 행동을 살폈어요. 벌써 강가에 도착한 야만인들이 포로를 둘러싸고 있었고, 강가에는 통나무배가 세 척 있었어요. 나는 프라이데이에게 총 세 자루와 권총 한 자루를 주었고 나머지는 내가 가졌어요.

"이제 됐다. 나한테서 떨어지면 안 돼. 명령할 때까지 총을 쏘아서도 안 되고 소리를 내서도 안 된다. 우리가 포로를 구하는 거야!"

우리는 야만인이 눈치채지 못하도록 조심스럽게 강을 건너 길을 돌아서 숲으로 향했어요.

우리는 곧 적당한 장소에 도착했어요. 나는 소총으로 야만인 무리를 겨냥하고 프라이데이에게 말했어요.

"프라이데이, 너도 나를 따라 총을 겨냥해."

프라이데이도 그대로 따라했어요. 우리는 여차하면 방아

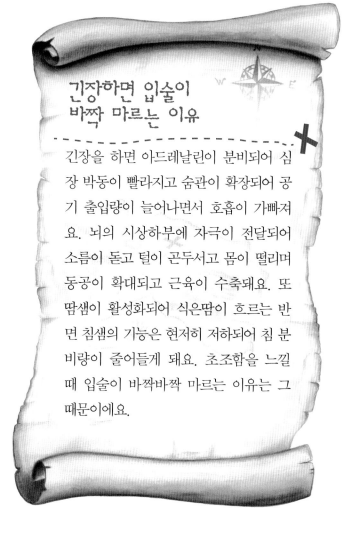

긴장하면 입술이
바짝 마르는 이유

긴장을 하면 아드레날린이 분비되어 심장 박동이 빨라지고 숨관이 확장되어 공기 출입량이 늘어나면서 호흡이 가빠져요. 뇌의 시상하부에 자극이 전달되어 소름이 돋고 털이 곤두서고 몸이 떨리며 동공이 확대되고 근육이 수축돼요. 또 땀샘이 활성화되어 식은땀이 흐르는 반면 침샘의 기능은 현저히 저하되어 침 분비량이 줄어들게 돼요. 초조함을 느낄 때 입술이 바짝바짝 마르는 이유는 그 때문이에요.

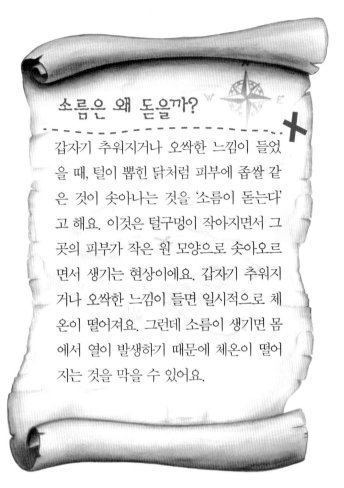

소름은 왜 돋을까?

갑자기 추워지거나 오싹한 느낌이 들었을 때, 털이 뽑힌 닭처럼 피부에 좁쌀 같은 것이 솟아나는 것을 '소름이 돋는다'고 해요. 이것은 털구멍이 작아지면서 그곳의 피부가 작은 원 모양으로 솟아오르면서 생기는 현상이에요. 갑자기 추워지거나 오싹한 느낌이 들면 일시적으로 체온이 떨어져요. 그런데 소름이 생기면 몸에서 열이 발생하기 때문에 체온이 떨어지는 것을 막을 수 있어요.

쇠를 당길 준비를 마치고 야만인 무리를 지켜보았어요.

스페인 사람을 만나다

한참을 지켜보던 나는 다시 프라이데이에게 말했어요.

"자, 준비됐지? 프라이데이."

"네!"

"좋아, 내가 방아쇠를 당기면 너도 따라 당기면 돼!"

나는 잠시 숨을 고른 후 놈들을 향해 총탄을 퍼부었어요. 프라이데이도 함께 총을 쏘았어요. 총소리에 깜짝 놀란 야만인들은 당황하면서 도망치기 시작했어요. 나는 다시 프라이데이에게 말했어요.

"자, 프라이데이. 내 뒤를 따라와!"

나는 함성을 지르며 백인 포로 곁으로 달려갔어요. 프라이데이도 큰 소리로 외치면서 따라왔어요. 놀란 야만인들은 기겁을 하고는 통나무배에 올라타고 쏜살같이 도망치기 시작했어요. 나는 포로에게 가까이 가며 소리쳤어요.

"어느 나라 사람이오?"

"스페인 사람이오."

"이야기는 나중에 나누고 지금은 싸우지 않으면 안 돼요. 권총과 칼을 빌려 줄 테니 함께 싸워 봅시다!"

나는 야만인이 돌아오지 못하도록 계속 총을 쏘았고 내가 건네준 총을 받아든 스페인 사람도 용감하게 그들을 향해 총을 쏘았어요.

프라이데이도 용기가 생겼는지 통나무배로 도망친 놈들을 쫓아가자고 했어요. 나도 야만인들이 살아서 돌아가면 보복하러 올지도 모른다는 생각이 들어 그들을 추격하기로 했어요.

나는 야만인들이 남기고 간 통나무배에 뛰어올랐어요. 그런데 그 순간 깜짝 놀랐어요. 거기엔 원주민 포로 한 명이 손발이 묶인 채 쓰러져 있었어요. 밧줄을 끊고 안아 일으켰지만 말도 하지 못할 정도로 지쳐서 신음 소리만 내고 있었어요. 바로 그때 프라이데이가 뛰어왔어요.

"이 남자에게 걱정하지 말라고 이야기해 줘. 그리고 물이라도 마시게 하는 게 좋겠다."

프라이데이의 아버지를 만나다

　　프라이데이는 고개를 늘어뜨리고 있는 그 남자의 얼굴을
보더니, 갑자기 소리 내어 울고 웃고 하면서 그 남자를 꼭
꺼안고 환호성을 질렀어요.
　　"왜 그러니, 프라이데이?"
　　"이 사람이 우리 아버지예요! 우리 아버지!"
　　프라이데이는 아버지를 열심히 간호했어요. 아버지 옆
에 계속 붙어서 밧줄에 묶여 있던 팔과 발목을 문질러 주었지요.

이 뜻하지 않은 부자지간의 만남으로 통나무배를 쫓아가는 것은 그만둘 수밖에 없었어요. 하지만 그건 오히려 다행이었어요. 야만인들이 돌아간 다음에 북서쪽으로 역풍이 불어 그들의 배는 온전할 수 없었기 때문이에요.

"프라이데이, 이 사람과 아버지를 배에 태우자. 빨리 집으로 데리고 가서 쉬게 하는 편이 좋겠어."

프라이데이는 스페인 사람을 등에 업고 통나무배까지

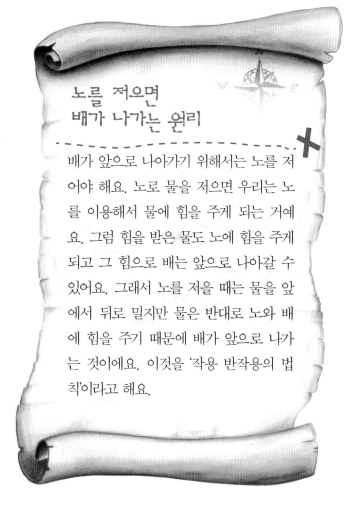

노를 저으면 배가 나가는 원리

배가 앞으로 나아가기 위해서는 노를 저어야 해요. 노로 물을 저으면 우리는 노를 이용해서 물에 힘을 주게 되는 거에요. 그럼 힘을 받은 물도 노에 힘을 주게 되고 그 힘으로 배는 앞으로 나아갈 수 있어요. 그래서 노를 저을 때는 물을 앞에서 뒤로 밀지만 물은 반대로 노와 배에 힘을 주기 때문에 배가 앞으로 나가는 것이에요. 이것을 '작용 반작용의 법칙'이라고 해요.

가서 자기 아버지 옆에 눕혔어요. 그리고 노를 젓기 시작했어요. 나는 배를 타지 않고 해안을 따라 걸어갔어요. 우리는 그렇게 프라이데이 아버지와 스페인 사람을 구했어요.

스페인 사람은 아직 프라이데이의 나라에 자신과 함께 조난당한 사람이 남아 있다고 했어요. 나는 그 사람들과 힘을 합쳐 고향으로 돌아갈 큰 배를 만들고 싶었어요. 그래서 스페인 사람과 프라이데이의 아버지에게 우리가 만든 통나무 배를 빌려 주고 남은 백인들을 우리 섬으로 데리고 오게 했어요. 그래서 몸을 추스른 그들은 다시 돌아갔어요.

이제 그들이 돌아 오기만하면 고향으로 돌아가는 것은 문제없다는 생각에 나는 기쁨에 들떠 하루하루를 보냈어요. 하지만 기쁨만큼이나 시간이 더디게 갔어요. 그래도 프라이데이가 옆에 있어서 나는 그 시간을 잘 버틸 수 있었어요.

16

무인도
탈출

공부가 되는
로빈슨 과학 탈출기

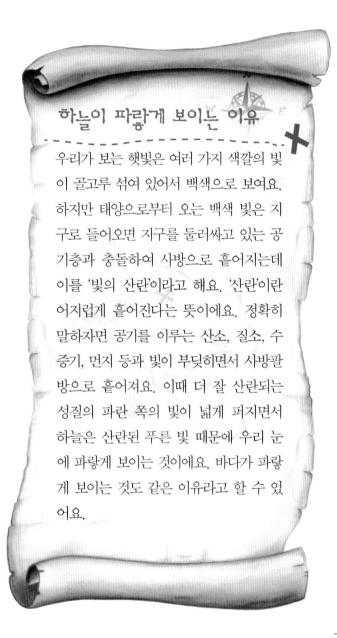

하늘이 파랗게 보이는 이유

우리가 보는 햇빛은 여러 가지 색깔의 빛이 골고루 섞여 있어서 백색으로 보여요. 하지만 태양으로부터 오는 백색 빛은 지구로 들어오면 지구를 둘러싸고 있는 공기층과 충돌하여 사방으로 흩어지는데 이를 '빛의 산란'이라고 해요. '산란'이란 어지럽게 흩어진다는 뜻이에요. 정확히 말하자면 공기를 이루는 산소, 질소, 수증기, 먼지 등과 빛이 부딪히면서 사방팔방으로 흩어져요. 이때 더 잘 산란되는 성질의 파란 쪽의 빛이 넓게 퍼지면서 하늘은 산란된 푸른 빛 때문에 우리 눈에 파랗게 보이는 것이에요. 바다가 파랗게 보이는 것도 같은 이유라고 할 수 있어요.

나타난 영국 배

그날도 나는 아침 일찍 일어났어요. 하늘이 유독 푸른 걸 보니 날씨가 맑을 것 같아 프라이데이와 해안 주변이라도 산책해야겠다고 생각했어요.

그때 갑자기 프라이데이가 큰 소리로 배가 돌아왔다고 소리쳤어요. 깜짝 놀라 밖으로 뛰어 나간 나는 바다 쪽을 바라보았어요. 바다 가운데에 큰 배가 한 척 정박해 있고 배에서 내려온 돛을 단 보트 한 척이 섬 쪽으로 다가오고 있었어요. 그것은 영국 배가 틀림없었어요. 그것이 영국 배라는 것을 알았을 때 나는 뭐라 표현할 수 없는 기분이 들었어요. 저 배를 타고 고향으로 돌아갈 수 있을지도 몰랐어요.

하지만 나는 어쩐지 이상한 예감이
들어 숨어서 보트를 타고 오는 그들을
지켜보기로 했어요. 아니나 다를까, 숨어서
지켜보니 뭔가 심상치 않았어요. 보트에
서 해안에 내린 사람들을 보니 모두
열한 명이었어요. 그중 세 명은 포
로처럼 묶여 있었어요. 그리고 네
댓 명이 먼저 뭍으로 뛰어내리더
니 묶여 있는 세 사람을 끌어내
렸어요.
　그리고 그들을 끌어내
린 선원들은 포로 세
사람을 그 자리에
내버려 두고 섬을
살펴보러 떠났어
요. 나는 긴장을
누그러뜨리려고

치즈와 버터

치즈는 우유 속의 단백질을 응고시킨 것이고, 버터는 우유 속의 지방을 응고시킨 거예요. 동물 젖에는 모두 단백질과 지방이 들어 있기 때문에 굳이 소젖이 아니더라도 염소나 양 등의 동물 젖으로도 버터나 치즈를 만들 수 있어요.

우유의 단백질은 '레닌'이라는 효소에 의해 단단하게 돼요. 이 효소는 동물의 위에 있는 성분으로 고대 아라비아의 상인이 양의 위로 만든 주머니에 염소젖을 넣어 다니다가 발견했다고 해요. 버터는 우유에서 지방 부분만 분리해서 얻어요. 보통 '원심 분리기'라는 기계에 넣어서 지방 성분을 분리해 크림 상태로 만들고 그것을 굳혀서 버터로 만들어요. 원심 분리기는 회전하는 힘으로 각각의 성분을 분리시키는 기계예요.

손수 만들어 두었던 치즈를 입 속에 넣고 잘근잘근 씹었어요. 세 사람의 포로는 기운 없이 큰 나무 그늘로 들어가 주저앉았어요. 주위에는 아무도 없었어요. 나는 그 기회를 틈타 그들 곁으로 다가갔어요.

영국 사람을 만나다

"당신들은 누구입니까?"

그들은 내 목소리와 내 모습을 보고 깜짝 놀라는 것 같았어요.

"놀라지 마세요. 경우에 따라서는 당신들 편이 되어 줄 수도 있으니까요. 아까부터 보고 있자니 어쩐지 호된 일을 당하고 있는 것 같던데 무슨 일입니까?"

그러자 한 사람이 눈에 눈물을 글썽이며 이야기했어요.

"사실 나는 저 배의 선장입니다. 내 부하가 반란을 일으켰어요. 여기 이 두 사람과 저를 함께 이 섬에 버리고 갈 생각이라고 하더군요. 지금 우리는 이 섬에서 꼼짝없이 굶어 죽겠구나 하고 절망하고 있었어요."

"걱정하실 것 없습니다. 나는 영국인이에요. 당신들을 도와주겠습니다."

내가 도와주겠다고 하니 선장은 그들의 정보들을 내게 알려 주었어요. 보트를 타고 온 사람 중 두 명만 해치우면 나머지는 순순히 말을 들을 것이라고 했어요.

반란을 잠재우다

나는 선장을 돕기 전에 몇 가지 조건을 제시했어요.

"내 조건은 이렇습니다. 우선 첫째, 이 섬에 있는 동안은 내가 모든 지휘를 맡을 테니 당신들은 내 말을 들어야 합니다. 총은 빌려 주겠지만 내가 달라고 할 때 반드시 돌려줘야 합니다. 둘째, 배를 되찾은 다음에는 나를 공짜로 영국까지 데려다 줘야 합니다."

"만약 우리가 살아 나간다면 당신들은 우리들의 은인입니다. 무슨 일이 있어도 당신과의 약속은 꼭 지키겠습니다."

선장은 배만 되찾는다면 제시한 조건을 모두 받아들이겠다고 했어요. 선장과 힘을 합한 우리는 반란을 일으킨 선원들을 제압하고 나머지 사람을 항복시켰어요. 하지만 배에는 아직도 스물여섯 명이 더 남아 있었어요. 그리고 반란을 일으킨 자들은 영국으로 돌아가면 사형이기 때문에 자포자기의 심정으로 저항할 것이라고 했어요.

바로 그때, 해변에 있는 사람들에게 돌아오라는 신호를 하듯 배에서 포성이 울리고 깃발이 올라갔어요. 그러나 해변 쪽에서 아무런 반응이 없자 그들은 다른 보트를 한 척 내렸어요. 배에서 내려온 보트에는 열 명이 타고 있었어요. 그중 일곱 명이 상륙해 동료를 찾으려 했어요. 보트에는 세 명이 남아 해안에서 멀리 떨어진 곳에 닻을 내렸어요. 보트를 공격할 수 없도록 한 것이에요.

치열한 전투

나는 즉시 프라이데이에게 작전을 일러 주었어요.

"저놈들을 유인해. 서쪽 언덕을 지나 그쪽에 있는 작은 언덕 위에 올라가서 큰 소리로 저들을 불러. 그러면 놈들은 소리 나는 쪽으로 쫓아올 거야. 그렇게 해서 될 수 있는 한, 섬 구석으로 놈들을 유인해 들어가. 놈들이 구석까지 들어가서 길을 못 찾고 헤매게 하는 게 목적이야."

작전대로 프라이데이가 소리치자 그들은 소리가 나는 곳으로 뛰기 시작했어요. 그들이 프라이데이의 유인에 따라 숲 속으로 들어가 버리자 우리는 이때를 이용해 일시에 보트에 있는 자들을 덮쳤어요.

선장의 말에 따르면 보트 안에 있던 사람은 마지못해 반란에 가담한 사람 중의 하나였어요. 그는 선장을 보더니 우리에게 깨끗이 항복했을 뿐만 아니라 우리 편이 되어 함께 싸우기로 했어요.

한편, 프라이데이는 훌륭하게 임무를 완수했어요. 이 언덕에서 저 언덕으로 뛰어다니면서 더욱 깊숙이 적을 유인해 놓았어요.

우리는 어둠 속에서 숨어 기다리다가 숲 속으로 들어간 놈들이 지친 몸으로 보트에 돌아오면 습격하기로 했어요. 마침내 몇 시간이 지나자, 그들은 굉장히 지친 몸을 이끌고 보트 쪽으로 돌아왔어요.

나는 좀 전에 항복했던 포로를 이용하기로 했어요. 내 지시를 받은 그는 큰 소리로 외쳤어요.

"톰 스미스! 톰 스미스!"

그러자 톰 스미스라고 불린 선원 하나가 즉시 대답했어요.

"거긴 누구냐, 로빈슨인가?"

포로의 이름은 로빈슨이었어요.

"그렇다, 나다. 제발 부탁이니 무기를 버리고 항복해. 항복하지 않으면 우린 모두 죽임을 당하고 말거야. 여기는 선장 말고 이 섬의 총독님과 그의 부하가 쉰 명이나 더 있어. 갑판장은 살해됐고, 윌 프라이는 부상을 당했어. 그리고 난 포로로 잡혔어."

포로는 나를 이 섬의 총독이라고 꾸며 냈어요.

"항복하면 목숨은 살려 주는 건가?"

그러자 이번에는 선장이 소리쳤어요.

"이봐, 스미스. 즉시 무기를 버리고 항복하면 모두 목숨은 살려 주겠다."

이렇게 해서 선원들은 모두 무기를 버리고 항복했어요. 나는 그들을 모두 꽁꽁 묶었어요.

승리의 깃발

우리는 포로로 잡은 사람들 중에 반란을 주도한 에킨즈는 꽁꽁 묶은 채 기절을 시켜서 동굴에 가두었어요. 그리고 단순히 에킨즈를 돕기만 했던 사람들에게는 배를 되찾는 싸움에서 활약해 주면 목숨도 살려 주고 같이 영국으로 데리고 가겠다고 했어요. 그러자 모두 좋다고 했어요. 하지만 나는 그들 중 다섯 명만 전투에 참여시키고 배반한다면 섬에 있는 녀석들 모두 목을 베어 버리겠다고 말했어요. 포로들은 불평할 처지가 아니었어요. 이렇게 해서 배를 습격할 병력이 다음과 같이 정해졌지요.

왜 기절을 할까?

'기절'은 잠깐 동안 의식을 잃은 상태를 말해요. 우리 몸은 혈액을 통해 뇌로 쉬지 않고 산소를 보내는데, 이 혈액의 양이 일시적으로 감소하게 되면 뇌에 산소가 부족해지기 때문에 뇌가 활동을 하지 못하고 그 결과 의식을 잃게 되는 거예요. 혈액 순환이 다시 원활해지면 금세 깨어날 수 있지만 의식을 잃은 상태가 길어지면 피가 한곳에 고이게 되기 때문에 문제가 생길 수 있어요. 기절은 탈진하거나 굶었을 때에도 일어날 수 있어요.

전부 합해서 열두 명이었어요. 나와 프라이데이는 남아 있기로 했어요. 보트는 총 두 척으로, 한밤중에 출발했어요. 배 근처까지 가자 선장은 포로인 로빈슨에게 소리를 질러 배 안의 사람들을 부르라고 했어요.

로빈슨이 떠들면서 시간을 끄는 동안 선장과 항해사가 총을 들고 제일 먼저 뛰어들어 순식간에 2등 항해사와 배 만드는 목수를 총의 개머리판으로 후려쳤어요. 그리고 이어서 다섯 명이 뛰어들어 갑판에 있던 놈들을 붙잡고 갑판 밑에 있는 녀석들이 갑판으로 올라오지 못하도록 승강구를 막았어요.

또 다른 보트에 탔던 사람들도 뱃머리 쪽으로 올라가 주방으로 통하는 승강구를 점령하고 그곳에 있던 세 명의 선원들을 포로로 잡았어요.

갑판 위가 어느 정도 정리되자 항해사와 세 명의 선원들은 아래층 선실을 습격했지요.

전투는 순식간에 끝이 났어요. 이렇게 해서 우리는 배를 순조롭게 되찾았어요. 선장은 나와 미리 약속했던 대로 일곱 발의 총을 쏘아 성공을 알려 왔어요. 해안에서 초조하게 기다리다 그 소리를 들은 나는 말할 수 없이 기뻤어요. 드디어 영국으로 돌아갈 배를 구한 것이에요.

우리는 그들이 해변에 도착하는 대로 총을 쏴 제압했어요. 우선 포로로 잡은 사람 중에서 믿을 수 없는 사람은 선장의 판단에 따라 동굴에 가두었어요.

17

마침내 돌아오다

공부가 되는
로빈슨 과학 탈출기

고향 영국을 향하여

우리는 동굴에 가두어 둔 포로들을 섬에 남겨 두기로 했어요. 나는 포로들에게 내가 이 섬에서 살아 온 방법에 대해 자세히 들려주었어요. 빵을 만드는 법과 보리와 쌀 재배법 등도 알려 주었어요. 또 열일곱 명의 스페인 사람들이 찾아올지도 모르니 내가 쓴 편지를 전해 달라고 했어요. 마지막으로 총과 칼 몇 자루를 남겨 주고 채소 씨앗도 넘겨주었어요. 이렇게 나는 섬에서의 마지막 하루를 바쁘게 보냈어요.

나는 오랜 섬 생활을 기념하기 위해서 손수 만든 커다란 염소 가죽 모자와 양산 그리고 앵무새를 가져가기로 했어요. 그리고 그동안 숨겨 두었던 금화와 은화도 모두 찾아서 가지고 나왔어요.

1686년 12월 19일, 마침내 나는 28년 2개월 19일 동안 살았던 섬과 작별했어요. 그리고 긴 항해 끝에 1687년 6월 11일, 드디어 35년 만에 그리운 고향 영국으로 돌아올 수 있었어요. 돌아가는 길에 수십 년간 간직했던 나침반은 큰 역할을 했어요.

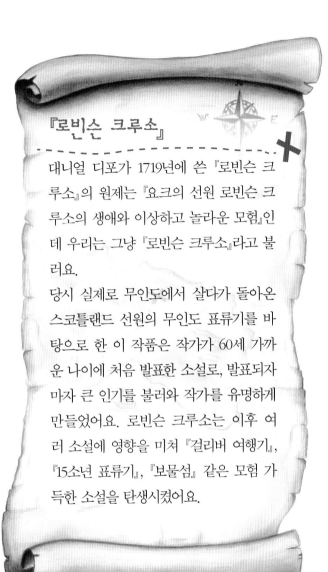

『로빈슨 크루소』

대니얼 디포가 1719년에 쓴 『로빈슨 크루소』의 원제는 『요크의 선원 로빈슨 크루소의 생애와 이상하고 놀라운 모험』인데 우리는 그냥 『로빈슨 크루소』라고 불러요.

당시 실제로 무인도에서 살다가 돌아온 스코틀랜드 선원의 무인도 표류기를 바탕으로 한 이 작품은 작가가 60세 가까운 나이에 처음 발표한 소설로, 발표되자마자 큰 인기를 불러와 작가를 유명하게 만들었어요. 로빈슨 크루소는 이후 여러 소설에 영향을 미쳐 『걸리버 여행기』, 『15소년 표류기』, 『보물섬』 같은 모험 가득한 소설을 탄생시켰어요.

고향에 오니 너무도 많은 것들이 변해 있었어요. 아버지와 어머니는 모두 돌아가신 뒤였어요. 그래서 내가 만날 수 있었던 사람은 누이동생 둘과 둘째 형님의 두 아이들 뿐이었어요.

시간이 흐른 후, 나는 다시 내가 살았던 섬을 방문했어요. 섬을 찾아가는 일은 꼭 고향에 가는 것처럼 설레는 기분이 들었어요.

그 섬에 들어섰을 때, 나는 깜짝 놀라고 말았어요. 아무도 살지 않았던 섬에 많은 사람들이 살고 있었기 때문이었어요. 섬에 사는 주민들은 나를 반겨 주었어요. 이제는 무인도가 아니라 사람이 사는 유인도가 된 셈이었어요.

섬에서 홀로 살아야 했던 경험 외에도 내가 겪었던 새로운 모험은 무궁무진하게 많지만 그것에 대해서는 언젠가 또 이야기할 기회가 있을 거예요.

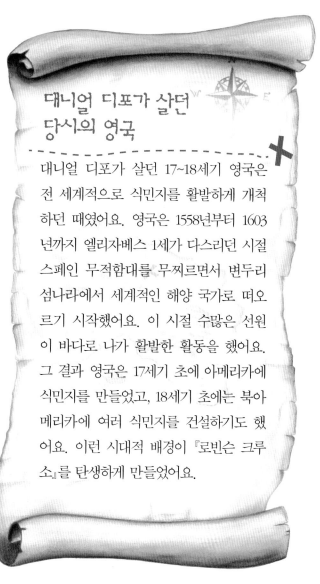

대니얼 디포가 살던 당시의 영국

대니얼 디포가 살던 17~18세기 영국은 전 세계적으로 식민지를 활발하게 개척하던 때였어요. 영국은 1558년부터 1603년까지 엘리자베스 1세가 다스리던 시절 스페인 무적함대를 무찌르면서 변두리 섬나라에서 세계적인 해양 국가로 떠오르기 시작했어요. 이 시절 수많은 선원이 바다로 나가 활발한 활동을 했어요. 그 결과 영국은 17세기 초에 아메리카에 식민지를 만들었고, 18세기 초에는 북아메리카에 여러 식민지를 건설하기도 했어요. 이런 시대적 배경이 『로빈슨 크루소』를 탄생하게 만들었어요.

공부의 즐거움을 깨치는
〈공부가 되는〉 시리즈!

공부가 되는 세계 명화
글공작소 글 | 18,000원

공부가 되는 한국 명화
글공작소 글 | 18,000원

공부가 되는 그리스로마 신화
글공작소 글 | 12,000원

공부가 되는 별자리 이야기
글공작소 글 | 12,000원

공부가 되는 공룡 백과
글공작소 글 | 장은경 그림 | 13,000원

공부가 되는 탈무드 이야기
글공작소 엮음 | 12,000원

공부가 되는 삼국지
나관중 원작 | 장은경 그림 | 12,000원

공부가 되는 유럽 이야기
글공작소 글 | 14,000원

공부가 되는 조선왕조실록 1,2 (전2권)
글공작소 글 | 김정미 감수 | 각 13,000원

공부가 되는 저절로 영단어
다니엘 리 글 | 14,000원

공부가 되는 우리문화유산
글공작소 글 | 14,000원

공부가 되는 저절로 고사성어
글공작소 글 | 15,000원

아름다운사람들

공부가 되는 한국대표고전 1, 2 (전2권)
글공작소 글 | 각 13,000원

공부가 되는 셰익스피어 4대 비극·5대 희극 (전2권)
윌리엄 셰익스피어 원작 | 글공작소 엮음 | 각 14,000원

공부가 되는 논어 이야기
공자 지음 | 글공작소 엮음 | 14,000원

공부가 되는 식물도감
글공작소 엮음 | 37,000원

공부가 되는 경제 이야기 1,2 (전2권)
글공작소 글 | 각 13,000원

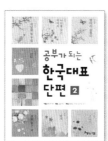

공부가 되는 한국대표단편 1, 2, 3 (전3권)
박완서 외 지음 | 글공작소 엮음 | 13,000원